普通高等教育系列教材

U0162849

基于 WeX5 的 HTML5 App 移动应用开发

主编　夏　辉　张书锋　杨伟吉
副主编　徐　朋　刘　澍

机械工业出版社

本书主要围绕 WeX5 框架技术，讲述如何利用 WeX5 相关技术开发移动 Web 网站和 App 应用程序。本书分为四大部分，第一部分主要讲述 WeX5 技术的发展及 WeX5 标准在移动技术中的应用；第二部分主要介绍 WeX5 的常用组件、WebX5 的 App 开发和组件的动态操作；第三部分主要介绍数据库操作和 WeX5 页面逻辑，并配备丰富的实例用于实践；最后一部分介绍整体 WeX5 框架的搭建、部署、前端开发、后端数据库开发、打包、上传、调试等综合所有知识的案例，帮助读者掌握这门技术。

本书既可作为高等院校计算机软件技术相关课程的教材，也可作为管理信息系统开发人员的技术参考书。

本书配有授课电子课件，需要的教师可登录 www.cmpedu.com 免费注册，审核通过后下载，或联系编辑索取（QQ：2850823885；电话：010-88379739）。

图书在版编目（CIP）数据

基于 WeX5 的 HTML5 App 移动应用开发 / 夏辉，张书锋，杨伟吉主编. —北京：机械工业出版社，2020.4（2024.7 重印）
普通高等教育系列教材
ISBN 978-7-111-64845-1

Ⅰ.①基… Ⅱ.①夏… ②张… ③杨… Ⅲ.①超文本标记语言－程序设计－高等学校－教材 Ⅳ.①TP312.8

中国版本图书馆 CIP 数据核字（2020）第 033386 号

机械工业出版社（北京市百万庄大街 22 号 邮政编码 100037）
策划编辑：郝建伟 责任编辑：郝建伟
责任校对：张艳霞 责任印制：郜 敏

北京富资园科技发展有限公司印刷

2024 年 7 月第 1 版 • 第 3 次印刷
184mm×260mm • 14 印张 • 343 千字
标准书号：ISBN 978-7-111-64845-1
定价：49.00 元

电话服务　　　　　　　　　　网络服务
客服电话：010-88361066　　机 工 官 网：www.cmpbook.com
　　　　　010-88379833　　机 工 官 博：weibo.com/cmp1952
　　　　　010-68326294　　金 书 网：www.golden-book.com
封底无防伪标均为盗版　　机工教育服务网：www.cmpedu.com

前 言

随着互联网+时代的来临，HTML5+CSS+JS（JavaScript）成为移动互联网前端的主流开发语言。WeX5 整合了 HTML5+CSS+JS 语言，集成了前端开发框架，坚持采用 HTML5+CSS3+JS 标准技术，一次开发，多端任意部署，确保开发者成果始终通用、不受限制。WeX5 的混合应用开发模式能轻松调用手机设备，如相机、地图、通讯录等，让开发者轻松应对各类复杂数据应用，代码量减少 80%，同时开发出的应用能够媲美原生的运行体验。WeX5 的可视化开发，坚持为开发者提供良好的开发体验，拖拽式页面设计易学易用，拖拽组件、设置属性即可实现复杂技术能力。

WeX5 是开源的 App 开发框架，能够提高 App 的开发效率。其开发工具在 Eclipse 基础上封装了很多东西，提供丰富组件体系，方便快捷，是一款前端开发工具，支持多种后台开发语言。WeX5 遵循 Apache 开源协议，上百个组件框架全部开放，具有可视化的组件框架，开发者可自定义组件，集成第三方组件，采用 MVC 设计模式，数据和视图分离，页面描述和代码逻辑分离，支持浏览器调试、真机调试、原生调试等多种调试模式，开发者可掌握每一行代码。

本书以移动应用开发为基础，在内容的编排上力求体现新的教学思想和方法。本书内容编写遵循"从简单到复杂""从抽象到具体"的原则。书中通过各个章节穿插了很多示例，提供了移动应用开发从入门到实际应用所必备的知识。在 WeX5 框架编程基础进行移动应用开发，学生除了要在课堂上学习程序设计的理论知识，掌握编程语言的语法知识和编程技巧外，还要进行大量的课外练习和实践操作。为此，本书每章都配备有课后习题，并且提供大量案例。除此之外，每章节还安排了实验的题目，可供教师实验教学使用。

本书主要围绕 WeX5 框架技术，讲述如何利用 WeX5 相关技术开发移动 Web 网站和 App 应用程序。本书分为四大部分，第一部分主要讲述 WeX5 技术的发展及 WeX5 标准在移动技术中的应用；第二部分主要介绍 WeX5 的常用组件、WeX5 的 App 开发和组件的动态操作；第三部分主要介绍数据库操作和 WeX5 页面逻辑，并配备丰富的实例用于实践；最后一部分介绍整体 WeX5 框架的搭建、部署、前端开发、后端数据库开发、打包、上传、调试等几乎综合所有知识点的案例，帮助读者掌握这门技术。

本书内容全面，案例新颖，针对性强。本书所介绍的实例都是在 Windows 10 操作系统下调试运行通过的。每一章都有与本章节知识点相关的案例和实验，以帮助读者顺利地完成开发任务。从应用程序的设计到应用程序的发布，读者都可以按照书中所讲述内容实施。本书可作为教材，每章后附有习题。

本书由夏辉负责全书的整体策划，主编由夏辉、张书锋、杨伟吉担任，副主编由徐朋和刘澍担任，参编的还有王学颖、吴鹏、白萍、李天辉和李航。本书由王学颖负责主审，李航为本书策划和编写提供了有益的帮助和支持，并且对本书初稿在教学过程中存在的问题提出了宝贵的意见。本书也借鉴了中外参考文献中的原理知识和资料，在此一并感谢。

本书配有电子课件、课后习题答案、每章节案例代码、实验代码，以方便教学和自学参考使用，如有需要请到 http://www.cmpedu.com 下载。

由于时间仓促，书中难免存在不妥之处，请读者原谅，并提出宝贵意见。

编　者

目　录

V

第1章　WeX5 简介

自苹果 iOS 和谷歌 Android（安卓）这两个手机操作系统发布以来，在互联网界就流行起一个新的名词：App（意为运行在智能移动终端设备的第三方应用程序）。随着 HTML5 的出现，基于 HTML5 低成本跨平台开发优势又兼具本地 App 特质的混合模式移动应用（HybridApp）迅速兴起。起步科技推出 App 快速开发框架 WeX5，只要会用 HTML、JS（JavaScript）、CSS、Java 或 PHP 或.NET 进行开发，就可以使用 WeX5 开发 App。

1.1　认识 WeX5 和 BeX5

WeX5 是一款开源免费的快速 HTML5 App 开发工具。前端采用 HTML5 + CSS3 + JS 标准，使用 AMD 规范的 RequireJS、Bootstrap、jQuery 等技术；基于 PhoneGap（Cordova）采用混合应用（Hybrid App）开发模式，可以轻松调用手机设备和硬件能力，如相机、地图、LBS 定位、指南针、通讯录、文件、语音、电池等；支持多种类型的后端，包括 Java、PHP和.NET 等，同时也支持云 API；提供一键部署，用于将开发的 App 部署到云服务器CloudX5 上。WeX5 的 IDE 基于 Eclipse，提供一个完全可视化、组件化、拖拽式开发环境，完全所见即所得；提供向导化和模板化等工具，快速生成常见应用场景界面；提供代码提示、真机调试，为开发者提供最大方便。

BeX5 是开发面向企业与政务的信息化系统和管理软件系统，适用于 OA/HR/CRM 等各类管理软件，还适用于电子政务及各行业管理软件。BeX5 的定位就是用于企业内部管理系统，现在企业管理软件已经彻底走向都必须支持移动 App、微信 App 和 WebApp 的时代，但无论何种前端，主要还是给企业内部人员使用的。所以 BeX5 的用户，指的是 BeX5 的组织机构分配了功能的人员，实际上就是企业的员工。

1.2　WeX5 安装与启动

WeX5 分为 Windows 版本和 Mac 版本，用于安装在 Windows 系统上和 Mac OS 系统上。Windows 版本可以生成安卓 App，Mac 版本可以生成安卓 App 和 iOS App。

1．下载

WeX5 在下载时同时集成了 JDK1.7、Tomcat 和 MySQL 等工具，这样用户就不用再下载其他工具，只要下载这一个工具就可以了。下载地址可以在百度上进行搜索，下载界面如图 1-1 所示。

产品下载

WeX5应用快速开发框架V3.8预发布版(开源免费)(含Mac OS版)

最新版本日期：2018/02/02

WeX5应用快速开发框架V3.7正式版(开源免费)(含Mac OS版)

最新版本日期：2017/06/27

免费下载(360网盘)

免费下载(百度网盘)

⊘ 定位：开发面向消费者和公众的开放应用系统   ⊘ 后端：后端数据处理组件，对接各主流技术平台

⊘ 适用：一般app、电商app、客服app、会员app、微店微商等   ⊘ 费用：完全开源，彻底免费，无任何限制

⊘ 前端：安卓app/苹果app/微信服务号/PC web app

图 1-1　WeX5 下载界面

2．安装

WeX5 是绿色免安装的，解压即可直接使用。下载完成后，需要解压缩"WeX5_V3.3_edu"文件，解压缩的路径一定不能包括空格和中文，并且要关闭相应 MySQL 服务和 Tomcat 服务。因为 WeX5 有自己的服务，估计在以后的版本中应该是可以配置的。这样安装就完成了，非常简单。安装包如图 1-2 所示，WeX5 目录如图 1-3 所示。

WeX5_V3.3_edu	2016
!压缩包内含长文件名，建议放到根目录…	2016
WeX5_V3.3_edu.zip	2016
WeX5_V3.3-mac_edu.tar.gz	2016
WeX5初级教材.pdf	2016
仿微店.apk	2016
仿微店.ipa	2016
素材.zip	2016

图 1-2　WeX5 安装包

名称	修改日期	类型	大小
apache-activemq	2017/12/20 11:18	文件夹	
apache-tomcat	2017/12/20 11:19	文件夹	
conf	2017/12/20 11:19	文件夹	
data	2018/2/27 16:11	文件夹	
java	2017/12/20 11:18	文件夹	
logs	2018/4/25 15:33	文件夹	
model	2017/12/20 11:18	文件夹	
mysql	2017/12/20 11:22	文件夹	
nginx	2017/12/20 11:22	文件夹	
node	2017/12/20 11:22	文件夹	
php	2017/12/20 11:22	文件夹	
runtime	2017/12/20 11:18	文件夹	
source	2017/12/20 11:22	文件夹	
studio	2018/5/3 9:35	文件夹	
tools	2017/12/20 11:18	文件夹	
update	2017/12/21 11:21	文件夹	
!不要放在含中文、空格和特殊字符的目…	2017/8/10 14:46	文本文档	0 KB
启动Chrome浏览器	2017/8/10 14:46	Windows 批处理…	1 KB
启动MySQL管理工具	2017/8/10 14:46	Windows 批处理…	2 KB
启动MySQL数据库	2017/8/10 14:46	Windows 批处理…	1 KB
启动Nginx服务	2017/8/10 14:46	Windows 批处理…	1 KB
启动PHP服务	2017/8/10 14:46	Windows 批处理…	1 KB
启动WeX5开发工具	2017/8/10 14:46	Windows 批处理…	1 KB

图 1-3　WeX5 目录

3．启动

安装后根目录下启动过程如下。

1）运行程序，需要单击"启动 WeX5 开发工具"，之后会打开如图 1-4 所示的界面，表示程序打开成功。

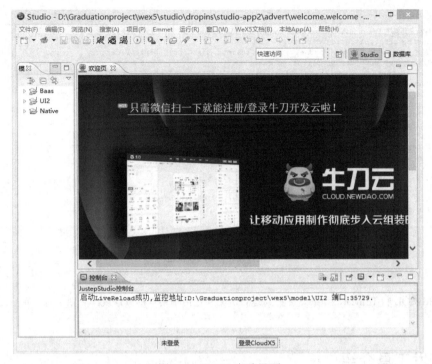

图 1-4　WeX5 启动界面

2）运行"启动 MySQL 数据库"（见图 1-3），启动 WeX5 内置的 MySQL 数据库。启动 MySQL 数据库如图 1-5 所示。

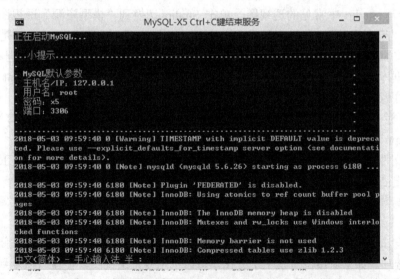

图 1-5　启动 MySQL 数据库

3）运行 Tomcat 服务，需要单击任务栏上的"小猫"图标进行启动，启动成功后在下面的"控制台"区域能够看到启动成功信息。如果启动没有成功，建议查看是否是端口占用或者其他问题。目前使用的是 jdk 1.7+tomcat 7，如果这两个软件正在运行，启动可能不会成功。启动 Tomcat 如图 1-6 所示。

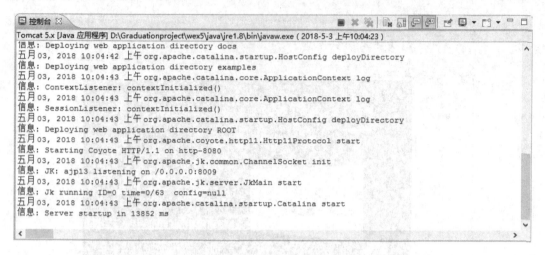

图 1-6　启动 Tomcat

📖 本地有 MySQL 和 Tomcat，如果需要一起运行，必须把两个端口都做修改，否则运行一定会起冲突。

1.3　开发工具介绍

开发工具 Studio 提供了欢迎页面，提供学习、交流 WeX5 的入口。开发工具包括菜单栏、工具栏、导航栏、透视图、编辑区和控制台。右上角的导航栏默认有 Studio 和 "数据库"，这两个是 Studio 中常见的透视图。单击 Studio 切换到 "模型资源" 透视图，左边显示用于开发的 "模型资源"，有三个目录，分别是 Baas、UI2 和 Native。Baas 是后端服务模型，UI2 是前端页面模型，Native 是生成的 App。单击 "数据库" 切换到 "数据库视图"，左边显示 "数据库视图"，用于操作数据库。"控制台" 是 Tomcat 控制台，Tomcat 启动时，若运行出错，注意看这里的输出信息。WeX5 开发工具界面如图 1-7 所示。

1）菜单栏中包含了 "文件" "编辑" "浏览" "搜索" "项目" "运行" "窗口" "WeX5 文档" "本地 App" "帮助" 等菜单。

通过 "文件" 菜单可以新建文件、打开新的文件、关闭文件，还可以切换工作空间、重新启动、退出当前文件、导入和导出目标文件等。

通过 "编辑" 菜单可以复制、粘贴、剪切、删除、全部选中、替换、查找文本，撤销当前操作。

通过 "窗口" 菜单可以新建窗口、打开透视图、显示视图、复位透视图、关闭透视图、导航、进入首选项。如果窗口位置发生了变化，可以单击复位透视图，使窗口恢复到初始状态。如果要修改文字大小，可以在首选项中进行。在首选项中还可以对新建的数据库进行配置。

2）透视图中包含了 Bass 后台数据库、UI2 前端资源和 Native 资源，可以在 Bass 目录下创建数据库服务，在 UI2 目录下创建.w 页面，在 Native 目录下生成 App。

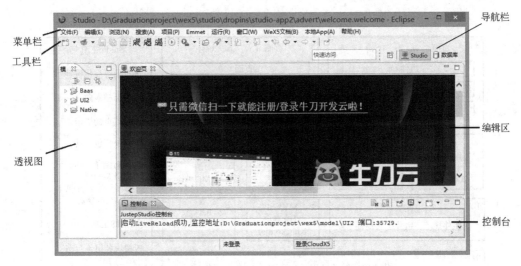

菜单栏
工具栏
导航栏
透视图
编辑区
控制台

图 1-7　WeX5 开发工具界面

3）编辑区是设计区域，页面在编辑区显示，可以将组件拖拽到编辑区。

1.3.1　UI2 前端资源

UI2 目录下所有的 Web 资源按目录组织，可以有任意多级目录。system 目录包含 UI2 框架的核心 js 库、css 和组件等资源。UI2 下除 system 目录之外的第一级目录通常称为一个 Web 应用，比如 demo、takeout、account 就是 WeX5 自带的综合演示、外卖、记账三个应用。每个应用由多个页面和相关的资源组成。开发 WeX5 的应用，就是利用系统 js 库、css 库和组件编写应用页面（.w），即每个页面包括.w、.js 和.css 三个同名文件，.w 是页面的主文件，.js 和.css 可以没有，如果页面有.js 和.css 文件，.w 在编译运行时会自动引入，不需要手工在.w 里链接引用。比如记账页面包含 index.w、index.js、index.css 三个文件，在浏览器请求 index.w 时，index.w 会自动请求 index.js 和 index.css。UI2 界面如图 1-8 所示，UI2 框架结构如图 1-9 所示。

图 1-8　UI2 界面

5

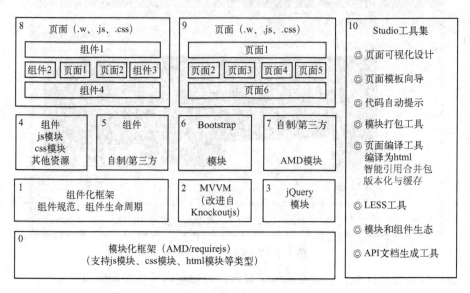

图1-9　UI2框架结构

为了说明方便，框架结构图每个框的左上角都做了数字标记。可以由底层向上理解。

1）最下层（框0）是模块化框架，UI2目前遵循AMD模块化标准，采用requirejs实现。这是UI2的基础，UI2所有的资源（js、css、html等）都是模块，都采用模块化方式引入，采用模块化方式管理依赖。

2）第二层（框1）是组件化框架，组件化框架提供组件规范和组件生命周期管理能力，组件化框架的实现本身也是js模块，并且依赖公共模块MVVM和jQuery。

3）第三层是具体的组件层，按照组件化规范实现的各种组件，每个组件有一个主js模块代表该组件，除了这个主js模块，每个组件还可包含多个js模块、css模块和图片等其他资源。UI2已经提供了丰富的组件，UI2自身提供的这些组件基于Bootstrap样式库。当然，如果希望采用别的样式库，也可引入别的样式库，并且基于此样式库来制作组件。

4）第四层是页面层，首先一个页面由.w、.js和.css模块构成，在逻辑上，页面由多个组件组成，同时页面也可以包含子页面。

1.3.2　Native资源

在UI2目录下制作好应用和目录之后，在Native下可以生成相应的App。在Native目录下如何生成App呢？

1）Native文件夹如图1-10所示，右击该文件夹，在弹出的快捷菜单中单击"创建本地App"。

2）在创建本地App的窗口中，选择应用模式（本例以"模式1"为例），填写应用名，单击"下一步"按钮，如图1-11所示。

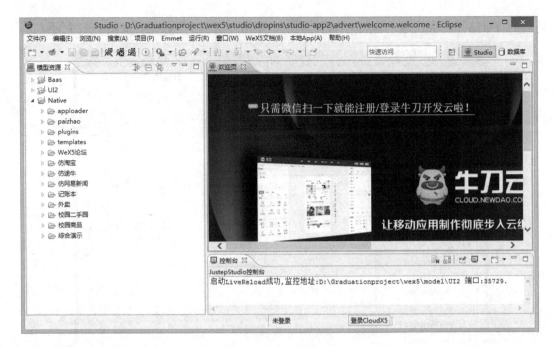

图 1-10　Native 文件夹

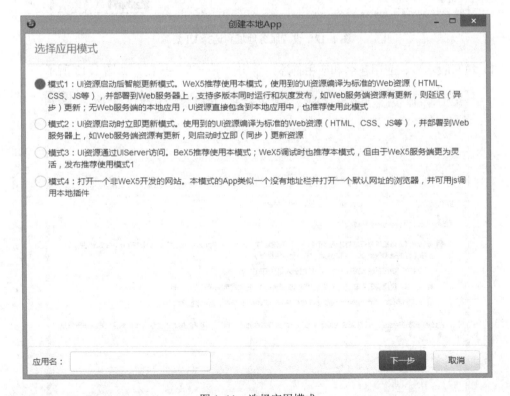

图 1-11　选择应用模式

3)"Web 服务地址"和"Web 路径"这两项可以不写,默认即可。"首页"要填写 App

访问的首页路径,格式为"/项目名/首页路径",单击"下一步"按钮,如图 1-12 所示。

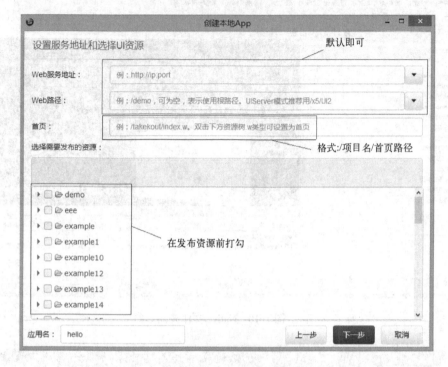

图 1-12 设置服务地址和选择 UI 资源

4)填写版本号、应用包名和应用描述,单击"下一步"按钮,如图 1-13 所示。

图 1-13 配置应用信息

5）填写开发者信息，勾选"Android 证书"和"新生成证书文件 android keystore"复选框，填入证书密码，单击"下一步"按钮，如图 1-14 所示。

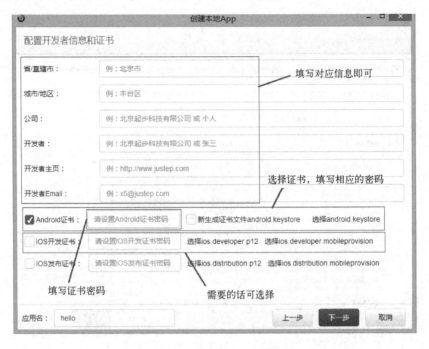

图 1-14　配置开发者信息和证书

6）上传应用图标和欢迎图片，单击"下一步"按钮，如图 1-15 所示。

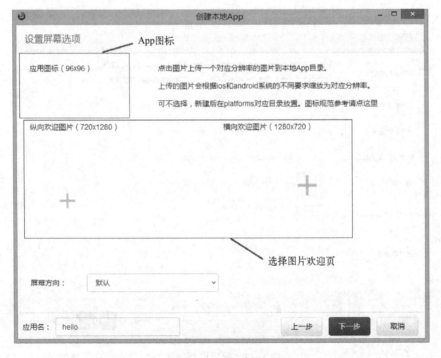

图 1-15　设置屏幕选项

7）如果插件需要填写参数，需要选择插件并填写参数，然后单击"下一步"按钮，如图 1-16 所示。

图 1-16　选择打包的本地插件

8）直接单击"下一步"按钮，如图 1-17 所示。

图 1-17　配置更新信息

9）直接单击"完成"按钮，如图 1-18 所示。

图 1-18　本地应用信息

10）几秒之后出现如图 1-19 所示的界面，单击"下一步"按钮。

图 1-19　本地 App 信息

11）模式 1 是发布包，需要勾选如图 1-20 所示的 4 项内容，不可以再调试资源。模式 3 只勾选第三项，由于模式 3 是调试模式，可以重新编译资源，因此只需要将编译使用到的 UI 资源打包就可以，最后单击"完成"按钮。

图 1-20 App 创建图

12）几分钟后，显示如图 1-21 所示的界面（如果是同一局域网下，可直接扫码下载 App）。

图 1-21 安装完成

13）打包好的 App 存放的目录：选择 Native 文件夹→应用名文件夹→dist 文件夹→app.apk，如图 1-22 所示。

图 1-22　App 存放目录

1.3.3　Bass 资源

在 WeX5 中，UI2 是前端，Bass 就相当于后台，用户要做的是把 UI2 与 Bass 服务结合起来。下面简单介绍如何调用封装好的 Action。

1）首先配置好数据源，相当于连接数据库：选择"窗口→首选项→studio 配置→数据源"，单击"增加"按钮，在如图 1-23 所示的窗口中配置数据源。

图 1-23　配置数据源

2）创建 UI2 的 w 文件，以一个列表页面为例，放置一个 list 控件，在 list 控件的 li 中放入需要迭代显示的数据。

3）创建 Bass 服务。创建一个新的服务活动（action），在 action.service.m 中选择新建数据表 Action，在打开的窗口中填入"数据库"和"表"，"queryAction"和"saveAction"会自动填写好，为数据表创建查询和保存服务，如图 1-24 所示。

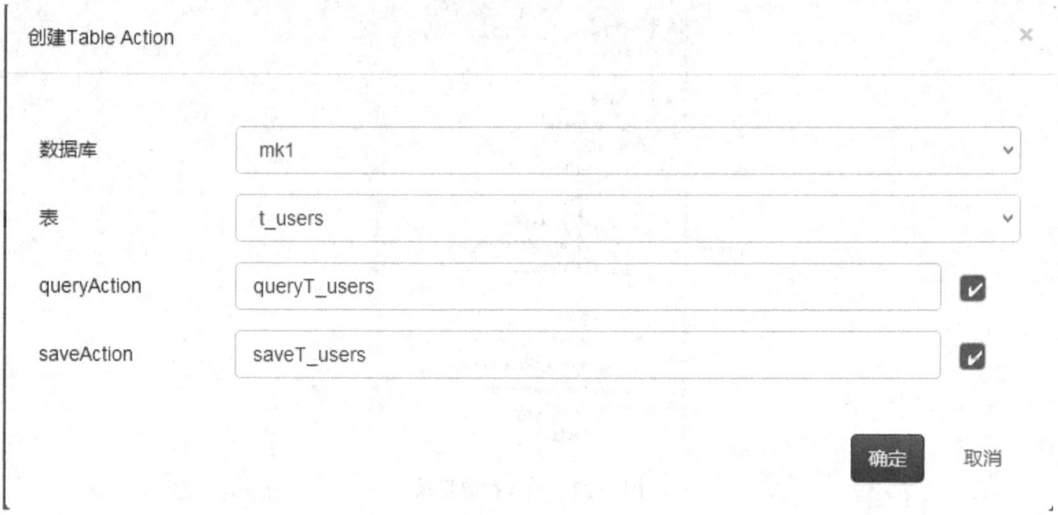

图 1-24　创建 Bass 服务

4）在 UI2 中配置 Bass 服务，向模型（model）中添加一个 bassData，配置选择刚刚创建的 Bass 服务的数据，如图 1-25 所示。

图 1-25　添加 bassData

1.4　运行第一个应用

WeX5 开发一个手机应用的过程如下。

1. 环境准备

进入官网下载中心，下载 WeX5 应用快速开发框架。下载后直接解压，解压后的文件夹不能带有中文目录。

2. 应用开发

1）首先打开 WeX5 的开发环境，运行解压后文件夹下的"启动 WeX5 开发工具"，或者直接运行"studio\studio.exe"启动开发工具。

2）进入工具后，可以看到两个目录：UI2 和 Native。在 UI2 上单击鼠标右键，在弹出的快捷菜单中选择"新建→应用"，在打开的窗口中，在"文件夹名"文本框中填写"hello"，如图 1-26 所示。此时，在 UI2 下就会自动生成一个"hello"的目录。

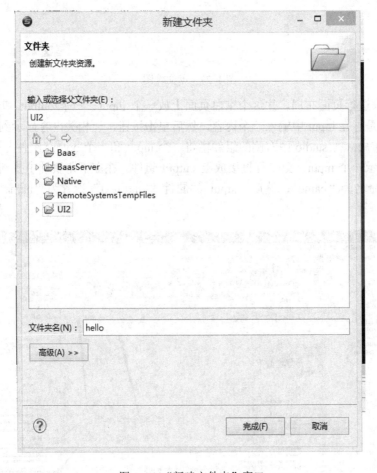

图 1-26 "新建文件夹"窗口

3）在 hello 目录上单击鼠标右键，在弹出的快捷菜单中选择"新建.w 文件"，此时可以通过向导模式新建自己的页面。在打开的窗口中选择"标准→空白"，在"文件名"文本框中填写"index"，如图 1-27 所示。这里的文件名不限于这个，可以随意起名，然后单击"完成"按钮。系统生成了两个文件，即 index.w 和 index.js，并且使用 UI 设计器打开 index.w。

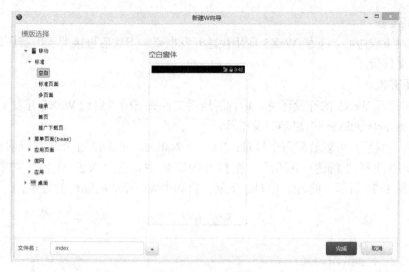

图 1-27　w 文件图

4）接下来进行页面布局。往这个空白页面上放一个 input、一个 output 和一个按钮，最终达到的效果是，在 input 中输入一个内容，然后单击按钮，让相关内容显示到 output 中。

5）界面布局：在 studio 中右侧的组件栏将一个 input 和一个 output 组件分别拖拽到工作区，第一行显示一个 input，第二行直接放上 output 组件。在左下角属性中找到 input 的属性"bind-value"命名为"name"，然后 output 的属性"bind-text"设置为"name"。如图 1-28 所示。

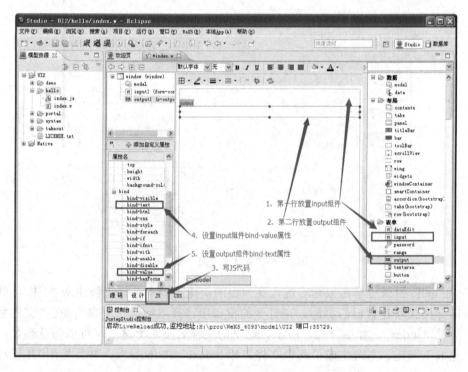

图 1-28　界面布局

16

6）然后用同样方法增加按钮组件，如图 1-29 所示。

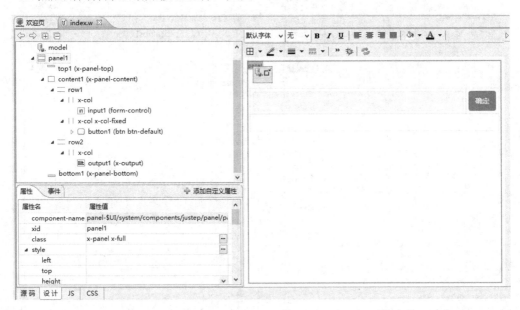

图 1-29　设计界面

7）最后将页面切换到 JS 页面，增加两行。

js 代码如下：

```
Model.prototype.button1Click = function(event){
var input=this.comp("input1").val();
this.getElementByXid("output1").innerHTML="输出："+input;
    };
```

通过组件 output 的 xid 来获取组件的 js 对象，然后将变量的值赋值给 output 组件，将值输出。

3．调试运行，本地打包

（1）模拟器运行调试

使用模拟器前，必须启动 Tomcat，启动时有红色和黑色字是正常的，但出现蓝色字就是发生了错误，要根据错误具体进行排查。在需要运行的.w 文件上单击鼠标右键，然后单击"模拟运行"，此时，在 input 窗中输入"小伙伴"，单击"确定"按钮，下面的 ouput 窗就会显示"输出：小伙伴"。

（2）谷歌 Chorme 浏览器调试

打开 Chrome 浏览器，按〈F12〉键进入调试模式，单击手机模式后选择手机设备；在浏览器地址栏输入：http://127.0.0.1:8080/x5，按〈Enter〉键后即出现开发的界面，如图 1-30 所示；在 input 窗口中输入"小伙伴"，单击"确定"按钮，运行结果如图 1-31 所示。

（3）真机调试

真机调试需要打包一个 App，使用手机下载安装，将手机连接到计算机方后可进行调试。以下以安卓为例介绍这个过程。

图 1-30　开发界面

图 1-31　hello.w 运行结果

　　1）生成本地 App：在 Native 目录上单击鼠标右键，新建本地 App，资源不要选，只填写服务器地址和首页，此时系统访问时读取的是服务器上最新的资源，这样修改后可直接体现修改效果。服务地址：http://IP:端口（端口默认 8080）。首页：/x5/UI2/hello/index.w。

　　下面的资源都不要选。

　　2）填写应用名：hello。

　　3）填写版本号：一定要是三段的，如 1.0.0。

　　4）填写应用包名：com.justep.x5.hello。该包名不能跟自己开发的其他应用相同，是应用的唯一 ID。

　　5）选择"完成后启动 App 生成向导"，单击"完成"按钮。

　　6）选择安卓；不选择为"本地快捷打包"。如果使用未越狱的苹果手机调试，要使用服务器打包才可以。

　　7）经过几分钟，就完成打包。

　　8）使用安卓手机扫描二维码，下载安装后使用数据线连接到计算机上。

1.5　本章小结

　　本章主要介绍 WeX5 的相关知识，包括 WeX5 的安装和启动，WeX5 的前台和后端，WeX5 的透视图，并使用一个示例来讲解如何使用 WeX5 做一个 App。

1.6　实验指导：使用 **WeX5** 制作一个页面

基于 WeX5 框架，使用 Studio 开发工具，后台启动 MySQL 数据库，打开 Tomcat 控制台，在谷歌浏览器运行。

1.6.1　实验目的和要求

1）掌握 Studio 开发工具的使用方法。

2）掌握前台页面设计和后台数据库设计。

3）掌握 WeX5 运行步骤。

1.6.2　制作简易页面

1．任务描述

使用 Studio 开发工具，连接自带的 MySQL 数据库，创建简单页面。

2．任务要求

1）掌握 Studio 开发工具的使用过程。

2）掌握后台数据库的配置和数据表的创建。

3）掌握组件的属性和使用条件。

3．知识点提示

本任务主要用到以下知识点。

1）创建项目文件，组件的合理使用。

2）WeX5 开发环境基础。

3）数据库基本知识。

4．操作步骤提示

在此简单提示一下操作步骤。

1）在 UI2 目录上单击鼠标右键，在弹出的快捷菜单中选择"新建"，创建应用文件，创建 w 文件。

2）根据自己的需求调整，在 w 文件中放置需要的组件。

3）打开后台数据库，创建数据表，在 Bass 目录下创建数据表服务，调试 Bass。

4）打开 Tomcat 控制台，在应用文件夹上单击鼠标右键，在弹出的快捷菜单中选择"在浏览器中运行"，运行这个应用文件。

1.7　习题

一、选择题

1．以下哪一个不是 WeX5 的模型资源（　　　）。

　　A．UI2　　　　　　B．Bass　　　　　　C．Native　　　　　D．studio

2．每个页面包含三个同名文件，以下哪个文件不属于（　　　）。

　　A．w 文件　　　　B．css 文件　　　　C．js 文件　　　　D．html 文件

3．创建 Bass 服务，系统会自动配置两个 action，请问是哪两个 action（　　　）。

A．queryAction 和 saveAction　　　　　B．queryAction 和 deleteAction

C．saveAction 和 deleteAction　　　　　D．queryAction 和 refreshAction

4．Native 目录下创建 App，（　　　）便于开发者调试。

A．模式 1　　　　　B．模式 2　　　　　C．模式 3　　　　　D．模式 4

二、填空题

1．开发工具 Studio 中常见的透视图分别是_____和_____。

2．模型资源有三个目录，后端服务模型是_____，前端页面模型是_____，生成 App 是_____。

3．WeX5 数据库是_____，控制台是_____。

三、概念题

1．WeX5 的数据源怎样配置？

2．WeX5 支持的前端有哪些？

第 2 章 常 用 组 件

WeX5 的界面是由组件构成的，组件是一个可以以图形化方式显示在屏幕上，并能与用户进行交互的对象。组件是对数据和方法的封装，有自己的属性、事件和方法等。根据界面所需要的组件，可以在面板中输入组件名或者选择组件类型进行过滤，然后将组件放到设计器中。

2.1 布局组件

布局组件是可以在界面中显示出来的，通过修改布局组件的样式来实现界面的美观。布局组件有很多相同的属性和方法，组件之间具有关联性。

2.1.1 bar 组件

bar 组件是容器组件，一般放置 button 和 buttonGroup 等组件。例如，在 bar 组件中插入一个 button 组件和 h3 组件。下面是 bar 组件的示例。

【例 2-1】 bar 组件。

```
<div component="$UI/system/components/justep/bar/bar" class="x-bar" xid="bar1">
//将 button 组件的背景设为绿色，右外边距宽度为 20px（像素），没有图标，只有文字"label"
  <a component="$UI/system/components/justep/button/button" class="btn btn-default"
    label="button" xid="button1" style="background-color:green;margin-right:20px;">
  <i xid="i1"/>
<span xid="span1"/>
</a>
<h3 xid="h31" style="color:#000000;"><![CDATA[你好]]></h3>
</div>
```

运行结果如图 2-1 所示。

图 2-1 bar 组件运行结果

2.1.2 titleBar 组件

titleBar 组件是标题栏组件，属于容器组件，带有一个标题和左右按钮区，适合作为页面的 head（头部）。例如，在 titleBar 组件左、右侧区域插入 button 组件，在中间区域插入 input 组件。下面是 titleBar 组件的示例。

【例 2-2】 titleBar 组件。

```
//添加 titleBar 组件
<div component="$UI/system/components/justep/titleBar/titleBar" class="x-titlebar"
        xid="titleBar1">
  <div class="x-titlebar-left" xid="left1">
<a component="$UI/system/components/justep/button/button" class="btn btn-link"
        xid="button1" icon="linear linear-chevronleft">
<i xid="i1" class="linear linear-chevronleft"/>
<span xid="span1"/>
</a>
</div>
//titleBar 组件的右侧部分，上内边距（空间）为 0，提示语句为"请输入"
  <div class="x-titlebar-title" xid="title1" style="paddding-top:0px;"><![CDATA[]]>
    <input component="$UI/system/components/justep/input/input" class="form-control" xid="input1"
style="margin-top:-7px;" placeHolder="请输入"/>
</div>
<div class="x-titlebar-right reverse" xid="right1">
//button 组件有 label（标签），没有图标，字体颜色为黑色，背景颜色为白色
<a component="$UI/system/components/justep/button/button" class="btn btn-default"
        label="搜索" xid="button2" style="color:#000000;background-color:white;">
  <i xid="i2"/>
<span xid="span2">搜索</span>
</a>
</div>
  </div>
```

运行结果如图 2-2 所示。

图 2-2 titleBar 组件运行结果

2.1.3 contents组件

contents 组件是滑动切换页面的组件，在.w 文件中使用 contents 组件可以实现不同页面的展现，特别是可以通过手势滑动来切换页面。contents 组件使用 content 来展现页面，contents 组件中可以包括多个 content，content 可以动态生成或删除，增强了页面显示的灵活性。contents 组件和 buttonGroup 组件配合使用，使用 button 组件的 target 属性关联 content，可以实现按钮和页面的绑定，进而实现页面的切换。下面是 contents 组件的示例。

【例 2-3】 contents 组件。

```
//contents 部分，充满整个屏幕
 <div component="$UI/system/components/justep/contents/contents" class="x-contents x-full"
        active="0" xid="contents1">
//contents 中的第一个 content（文件），id 是 content2
<div class="x-contents-content content2" xid="content2">
//content 中插入 span（文字），span 的文字是"单击 button1 显示页面 content2"
<span xid="span3" class="span1"><![CDATA[单击 button1 显示页面 content2]]></span>
</div>
//contents 中的第二个 content，id 是 content3
<div class="x-contents-content content2" xid="content3">
//content 中插入 span，span 的文字是"单击 button2 显示页面 content3"

<span xid="span4" class="span1"><![CDATA[单击 button2 显示页面 content3]]></span>
</div>
</div>
//buttonGroup 部分
 <div component="$UI/system/components/justep/button/buttonGroup" class="btn-group btn-group-
justified" tabbed="true" xid="buttonGroup1" style="height:100%;">
//button1 组件文字，没有图标，设置右边框是 1px 的实线，边框颜色为黑色，单击事件为
"button1Click"，关联激活页面 content2，即单击 button1，就会自动显示 ontent2
    <a component="$UI/system/components/justep/button/button" class="btn btn-default"
        label="button1" xid="button1" style="border-style:none solid none none;border-right-width:1px;
border-right-color:#000000;"  target="content2" onClick="button1Click">
        <i xid="i1"/>
        <span xid="span1">button1</span>
    </a>
//button2 组件文字，没有图标，设置右边框是 1px 的实线，边框颜色为黑色，单击事件为
"button2Click"，关联激活页面 content3，即单击 button2，就会自动显示 ontent3
    <a component="$UI/system/components/justep/button/button" class="btn btn-default"
        label="button2" xid="button2" target="content3" onClick="button2Click">
    <i xid="i2"/>
    <span xid="span2">button2</span>
    </a>
    </div>
//js 代码
//buttton1 事件
Model.prototype.button1Click = function(event){
```

```
//单击 button1 按钮，设置 button1 组件的背景颜色为红色，设置 button2 组件的背景颜色为系统默
认颜色
        $(this.getElementByXid('button1')).css({
            "background-color":"#FF0000",
        });
        $(this.getElementByXid('button2')).css({
            "background-color":"",
        });
    };
//button2 事件
    Model.prototype.button2Click = function(event){
//单击 button2 按钮，设置 button2 组件的背景颜色为红色，设置 button1 组件的背景颜色为系统默
认颜色
        $(this.getElementByXid('button2')).css({
            "background-color":"#FF0000",
        });
        $(this.getElementByXid('button1')).css({
            "background-color":"",
        });
    };
```

这段代码是在 w 页面 panel 组件的中间区域 content 中放一个 contents 组件，contents 组件中添加两个 content，分别是 content2 和 content3，在 panel 组件的底部 bottom 中插入一个 buttonGroup 组件，在 buttonGroup 组件中添加两个 button 组件，分别是 buttton1 和 button2，单击 button1 进入 content2 页面，单击 button2 进入 content3 页面。运行结果如图 2-3 所示。

图 2-3　contents 组件运行结果

2.1.4 panel组件

panel 组件自动充满整个屏幕,分为上中下三个区域,其中上方区域(top)(头部)固定显示在屏幕上方,下方区域(bottom)(尾部)固定显示在屏幕下方,中间区域(content)自动充满其他区域。头部和尾部的高度和位置都是固定的,暂时头部不支持改变高度,中间区域展示主要内容,可以任意布局。头部和尾部可以删除,中间区域不能删除。"x-pull"表示为 panel 组件充满整个屏幕,"x-card"表示为 panel 的卡片风格,可以调整 panel 的高度。下面是 panel 组件的示例。

【例2-4】 panel 组件。

```
//panel 组件充满整个屏幕
<div component="$UI/system/components/justep/panel/panel" class="x-panel x-full"
    xid="panel2">
<div class="x-panel-top" xid="top2">
<div component="$UI/system/components/justep/titleBar/titleBar" class="x-titlebar"
        xid="titleBar1">
<div class="x-titlebar-left" xid="left1"/>
<div class="x-titlebar-title" xid="title1">头部</div>
<div class="x-titlebar-right reverse" xid="right1"/>
</div>
</div>
<div class="x-panel-content" xid="content2" style="padding-top:50px;">
<h4 xid="h42" style="text-align:center;"><![CDATA[中间部分]]></h4></div>
//panel 底部边框是 1px 的实线,边框颜色为黑色,设置文本水平居中
<div class="x-panel-bottom" xid="bottom2" style="border-style:solid solid solid solid;border-width:1px
1px 1px 1px;border-color:#000000 #000000 #000000 #000000;text-align:center;">
<h4 xid="h41"><![CDATA[底部]]></h4></div>
</div>
```

运行结果如图 2-4 所示。

图2-4 panel组件运行结果

2.1.5　row 组件

row 组件是行组件，通过一系列的行（row）和列（col）组合来构建页面，内容只能放在列（col）里面，只有列（col）可以作为行（row）的直接子元素。row 组件从面板上放到设计器中，默认是三列，每列均分屏幕宽度，可以在组件上添加行、列，调整每列的宽度。对没有设置列宽的列（col）将均分剩余列的宽度，"x-col-fixed"表示为适用于固定宽度的列，根据内容宽度自适应变化（width:auto）或在该 class（类）的列上设置固定宽度（width：50px），"x-col-10"表示为列所占页面宽度的 10%。row 组件还可以嵌套使用，在 row 组件的列（col）中新增行（row）。下面是 row 组件的示例。

【例 2-5】　row组件。

```
//row 组件的外边框都是 1px 的实线，内边距都是 0
<div component="$UI/system/components/justep/row/row" class="x-row" xid="row1"
      style="border-style:solid solid solid solid;border-width:1px 1px 1px 1px;padding:0px 0px 0px
0px;"> //第一列的宽度设置为自适应，右边框是 1px 的实线
    <div class="x-col x-col-fixed" xid="col1" style="border-right-style:solid;border-right-width:1px;width:auto;">
     <h4 xid="h41"><![CDATA[第一列]]></h4></div>
    //第二列的宽度设置为 100px，右边框是 1px 的实线
    <div class="x-col x-col-fixed" xid="col2" style="border-right-style:solid;border-right-width:1px;width:
100px;">
     <h4 xid="h42"><![CDATA[第二列]]></h4></div>    //第三列
    <div class="x-col" xid="col3">
    ///row 组件的外边框都是 1px 的实线，内边距都是 0，高度是 50px
    <div component="$UI/system/components/justep/row/row" class="x-row"
        xid="row2" style="border-style:solid solid solid solid;border-width:1px 1px 1px 1px;padding:0px
0px 0px 0px;height:50px;">
      //第一列的右边框是 1px 的实线
      <div class="x-col" xid="col4" style="border-right-style:solid;border-right-width:1px;"/>
      //第二列的右边框是 1px 的实线
      <div class="x-col" xid="col5" style="border-right-style:solid;border-right-width:1px;"/>
      <div class="x-col" xid="col6"/>
    </div>
    </div>
</div>
```

在 w 文件中添加一个 row 组件，row 组件的第一列宽度设为宽度自适应，第二列宽度设为 100px，在第三列中插入一个 row 组件。

运行结果如图 2-5 所示。

图 2-5　row组件运行结果

2.1.6　wing 组件

wing 组件是一般用于带侧边栏可隐藏的页面，例如，在 w 页面放一个 wing 组件，右侧边栏去掉，左侧边栏作为菜单部分，content 作为内容显示的主体，通过 contents 动态加载功能页，在 model（模型）的 onLoad 事件中分别加载相应功能。wing 组件的属性如下。

- animate: [boolean]是否使用滑动动画，默认值为 true。
- display: [string]边栏展示方式，默认值为 overlay，可选参数有 overlay（覆盖）、push（推拉）、reveal（门侧）、compress（按键）。
- routable: [boolean]是否启动路由，默认值为 false，路由相关知识参考路由模块。

下面是 wing 组件的示例。

【例 2-6】 wing组件。

```
//wing 组件
  <div component="$UI/system/components/justep/wing/wing" class="x-wing" xid="wing"
      display="push">
  <div class="x-wing-left" xid="left"></div>
  <div class="x-wing-content" xid="content1">
  <div class="x-wing-backdrop" xid="div1"/>
  <div component="$UI/system/components/justep/contents/contents" class="x-contents x-full"
          active="0" xid="pages" slidable="true" wrap="false">
  <div class="x-contents-content" xid="main">
  <div component="$UI/system/components/justep/windowContainer/windowContainer"
          class="x-window-container" xid="mainContainer" src="./main.w"/>
```

```
        </div>
      </div>
    </div>
  </div>
//js 代码
Model.prototype.modelLoad = function(event) {
//跳转页面
            justep.Shell.showPage("main");
            justep.Shell.loadPage("left");
};
```

运行结果如图 2-6 所示。

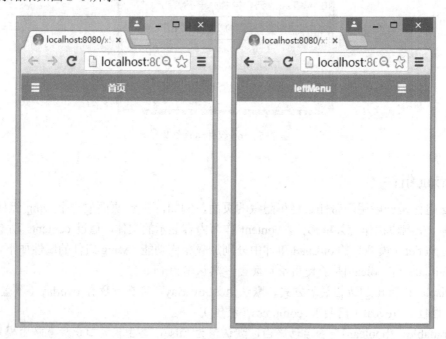

图 2-6　wing组件运行结果

2.1.7　scrollView 组件

scrollView 组件是滚动容器，配合列表组件使用，实现向上滑动加载数据、向下滑动刷新数据。scrollView 组件总共分为三个部分（三个 div），第一部分是向下滑动刷新数据，第二部分是内容主体，可以添加其他组件，第三部分是向上滑动加载数据。例如，在 scrollView 里面放 list 组件，list 关联 data 组件，data 组件的 limit 属性设置一次加载的记录数，data 组件记录的是一个月的总共开销。scrollView 组件的属性如下。

● bounce: [boolean][默认值为 true]是否超过实际位置反弹，值为 true 时滑动到头部和尾部时会有跳跃效果，值为 false 时滑动到头部和尾部时没有拉动反弹的效果。

● hideScrollbar: [boolean][默认值为 true]默认隐藏滚动条，滚动时才显示，如果是 false，那么滚动条会一直存在。

- hScroll: [boolean][默认值为 false]是否横向滚动（必须存在横向内容超出屏幕宽度才起作用）。
- lockDirection: [boolean][默认值为 true]单方向滚动锁定，值为 true 时，用手滑动，只能上下滑动或左右滑动，不能两个方向同时滚动。值为 false 表示可以两个方向同时滚动。
- pullDownLabel: [string][默认值为:下滑刷新...]下滑文字。
- pullDownLoadingLabel: [string][默认值为:加载中...]下滑加载中文字。
- pullDownMoveLabel: [string][默认值为:松开刷新...]下滑移动中文字。
- pullUpLabel: [string][默认值为:加载更多...]上滑文字。
- pullUpLoadingLabel: [string][默认值为:加载中...]上滑加载中文字。
- pullUpMoveLabel: [string][默认值为:释放加载...]上滑移动中文字。
- vScroll: [boolean]是否纵向滚动。
- vScrollbar: [boolean]是否有纵向滚动条。

下面是scrollView组件的示例。

【例 2-7】 scrollView组件。

```
<div class="x-scroll" component="$UI/system/components/justep/scrollView/scrollView"
        xid="scrollView1">
//scrollView 的第一部分
<div class="x-content-center x-pull-down container" xid="div1">
<i class="x-pull-down-img glyphicon x-icon-pull-down" xid="i1"/>
<span class="x-pull-down-label" xid="span1">下拉刷新...</span>
</div>
//scrollView 的第二部分
<div class="x-scroll-content" xid="div2">
//月开销表的标题用 h4 组件表示
<h4 xid="h41" style="text-align:center;"><![CDATA[本月开销]]></h4>
//list 组件绑定数据 data1
<div component="$UI/system/components/justep/list/list" class="x-list"
        xid="list2" data="data1">
<ul class="x-list-template" xid="listTemplateUl2">
<li xid="li2">
//在 li 下添加 row 组件，row 组件的下边框是 1px 的实线，row 组件共有两列
<div component="$UI/system/components/justep/row/row" class="x-row"
    xid="row1" style="border-bottom-style:solid;border-bottom-width:1px;">
//第一列
<div class="x-col" xid="col1">
//第一列中的 h4 关联数据组件 data1 的属性 type
<h4 xid="h42" bind-text=" val(&quot;type&quot;)">h4</h4>
</div>
//第二列
<div class="x-col" xid="col2">
//第二列中的 h4 关联数据组件 data1 的属性 spand
<h4 xid="h43" bind-text=" val(&quot;spand&quot;)">h4</h4>
```

```
</div>
</div>
</li>
</ul>
</div>
</div>
//scrollView 的第三部分
<div class="x-content-center x-pull-up" xid="div3">
<span class="x-pull-up-label" xid="span2">加载更多...</span>
</div>
</div>
```

运行结果如图 2-7 所示。

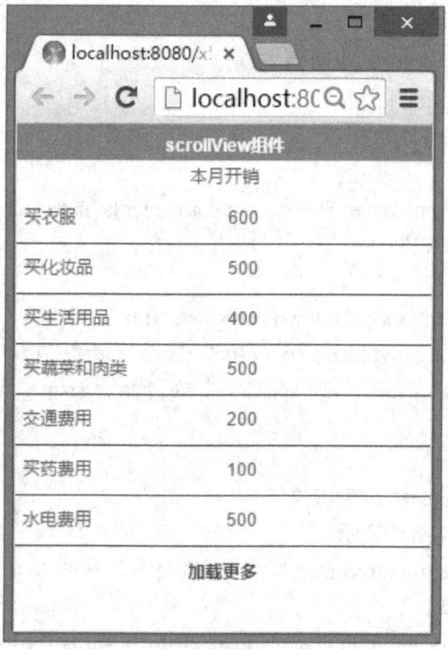

图 2-7　scrollView组件运行结果

2.1.8　windowContainer 组件

windowContainer 组件用来嵌套其他 w 页面，windowContainer 嵌入 w 页面，在父页面加载的时候，同时加载嵌入页。例如，在加载 index 首页的同时进入 main 主页面。下面是 windowContainer 组件的示例。

【例 2-8】　windowContainer 组件。

```
<div component="$UI/system/components/justep/windowContainer/windowContainer"
        class="x-window-container" xid="mainContainer" src="./main.w"/>
</div>
```

运行结果如图 2-8 所示。

图 2-8　windowContainer 组件运行结果

2.2　对话框组件

对话框组件中最常用到的是 messageDialog、windowDialog 和 windowReceiver 这三个组件，使用对话框组件可以减少代码量。

2.2.1　messageDialog 组件

messageDialog 是一个非常有用的组件，在 Java 交互编程中，需要给出如出错、警告、操作、结果等提示时，messageDialog 就会起到事半功倍的效果，messageDialog 组件调用组件的 show 方法打开对话框。例如，单击 button 按钮就会有消息提示出现。下面是 messageDialog 组件的示例。

【例 2-9】 messageDialog 组件。

```
//button 单击事件
Model.prototype.button1Click = function(event){
//调用 messageDialog1 的 show 事件，弹出框显示"欢迎学习 WeX5！"
        this.comp("messageDialog1").show({
            "message" : '欢迎学习 WeX5！'
        });
    };
```

运行结果如图 2-9 所示。

图 2-9　messageDialog 组件运行结果

2.2.2　windowDialog 组件

windowDialog 组件用来弹出对话框，一般结合使用 windowReceiver，在调用者页面放 windowDialog 组件，用来指定对话框的页面及相关属性，windowDialog 组件根据关联的 src 属性绑定对话框页面，调用组件的 open 方法打开对话框。windowDialog 的属性"status"是初始化状态，有"normal"和"maximize"两种情况，前者表示对话框大小可以调整，后者表示对话框充满整个屏幕。例如，使用 windowDialog 组件传送当前的时间，将对话框的初始状态设为"normal"，对话框的宽度和高度设为 70%。下面是 windowDialog 组件的示例。

【例 2-10】　windowDialog 组件。

```
//windowDialog 对话框组件 src 属性关联的是 datee.w 文件
Model.prototype.button1Click = function(event){
//调用 windowDialog1 的 open 事件，显示当前的日期
    this.comp("windowDialog1").open({data : new Date()});
    };
```

运行结果如图 2-10 所示。

2.2.3　windowReceiver 组件

windowReceiver 是对话框接收组件，一般结合 windowDialog 组合使用，用于接收 windowDialog 打开对话框时传送的数据，关闭对话框，向主页面传送数据。windowReceiver 是通过 onReceive 事件接收 windowDialog 传送过来的信息，可以通过 windowCannel()方法关闭当前对话框不向调用者传送数据，还可以通过 windowEnsure()方法向调用者传送数据并关闭当前窗口。下面是 windowReceiever 组件的示例。

图 2-10   windowDialog 组件运行结果

【例 2-11】 windowReceiver组件。

```
//子界面的 onReceive(object event)方法接收数据
Model.prototype.windowReceiver1Receive = function(event){
//将 windowDialog 组件传送的值赋值给 span 组件
    this.getElementByXid("span2").innerHTML=event.data;
};
//关闭当前页面，windowCancel ()取消、关闭当前窗口
Model.prototype.button1Click = function(event){
    this.comp("windowReceiver1").windowCancel();
    };
```

在上一个示例，使用 windowDialog 将当前日期从 example10.w 文件传送给子界面 datee.w 文件，需要子界面 datee.w 文件的 onReceive()方法接收日期，并用 span 组件显示出来，用 windowCancel()方法关闭当前页面并返回上级界面，直接返回不传递参数，运行结果如图 2-10 所示。

2.3   表单组件

表单组件常见的元素主要包括文本输入框、下拉选择框、单选框、复选框、文本域、按钮等，本节会详细介绍这些表单组件。

2.3.1   button 组件和 buttonGroup 组件

button 是按钮组件，通过配合的图标与样式，使开发者能快速完成各种按钮的开发，单击 button 按钮触发事件 onClick (object event)。button 组件的属性如下。

- icon: [string]图标，支持 fontIcon 和 img 两种格式，fontIcon 格式为 icon-refresh，img 格式为 img:xxx.png|xxx.png（包含可用、不可用两个显示图片）。
- label: [string]显示名。
- target: [string][target]关联组件，当 button 单击时自动激活关联组件，配合 contents 组件实现多页切换效果。

buttonGroup 组件可以包含一个 button 组件或多个 button 组件，通常与 contents 组件配合使用。排列方式有两种，一种是 "btn-group-justified"，buttonGroup 组件中 button 横向排列并且宽度均分；另一种是 "btn-group-vertical"，buttonGroup 组件中 button 纵向排列。

下面是 button 组件和 buttonGroup 组件的示例。

【例 2-12】 button 组件和 buttonGroup 组件。

```
//button1 单击事件，输出"努力学习前端"
Model.prototype.button1Click = function(event){
        this.getElementByXid("span4").innerHTML="努力学习前端！";
    };
//buttonGroup
//button2 单击事件，输出"努力学习 Java"
Model.prototype.button2Click = function(event){
    this.getElementByXid("span5").innerHTML="努力学习 Java！";
    };
//button3 单击事件，输出"努力学习 php"
Model.prototype.button3Click = function(event){
    this.getElementByXid("span6").innerHTML="努力学习 php！";
    };
```

运行结果如图 2-11 所示。

图 2-11　button 组件和 buttonGroup 组件运行结果

2.3.2 input 组件和 output 组件

input 组件是平台封装的一个基础控件，主要用于数据的输入和展示作用。input 组件根据类型和属性的不同，能实现数据的展示、检验、控制等操作。input 组件的属性如下。

- datatype: 指定数据类型，当 bind-ref 没有定义时有效。
- format: 格式化，当绑定数据类型为 Date、DateTime、Time 时的显示格式。
- min: 最小值表达式，当绑定数据类型为 Date、DateTime、Time 时控制选择时间。
- max: 最大值表达式，当绑定数据类型为 Date、DateTime、Time 时控制选择时间。
- maxlength: 字符串类型时限制输入长度，当 ref 关联列中有长度定义时以 ref 关联列定义为准。
- placeHolder: 提示信息，是 HTML5 新特性。
- pattern: 规定输入字段的值的模式或格式，是 HTML5 新特性，例如 pattern="[0-9]" 表示输入值必须是 0 到 9 之间的数字。

output 组件是平台封装的一个基础控件，主要用于数据的输出和展示作用。output 组件根据类型和属性的不同，能实现数据的展示、样式等操作。例如，在 input 中输入专业，单击"确定"按钮就会在 output 中显示出来。下面是 input 组件和 output 组件的示例。

【例 2-13】 input 组件和 output 组件。

```
<input component="$UI/system/components/justep/input/input" class="form-control text1" xid="input2" style="height:100%;"></input>
<div component="$UI/system/components/justep/output/output" class="x-output text1" xid=" output1"> </div>
//js 代码
Model.prototype.button1Click = function(event){
//input 输入的值赋值给 output 组件，并输出
    this.getElementByXid("output1").innerHTML=this.comp("input2").val();

    };
```

运行结果如图 2-12 所示。

图 2-12 input 组件和 output 组件运行结果

2.3.3　select 组件

select 组件用于下拉选择，提供单选菜单。用法是选择 data 数据集中的某个字段的值，赋值给另一个 data 数据集当前行的一个或两个字段，从而实现下拉选择的功能。select 组件的属性如下。

- bind-ref: [string][设计时属性]引用，这里绑定的是需要赋值的那个 data 组件的字段，如果 bind-optionsLabel 没有设置值，那么 select 赋值时显示的值就是此属性中对应的 data 字段；如果 bind-optionsLabel 有值，那么选择后显示的是 bind-optionsLabel 中绑定的 data 字段（根据 bind-ref 绑定字段在下拉 data 中自动查询得到），而 bind-ref 将不做显示，但是实际上绑定的这个 data 字段的值已经完成赋值操作了。常常使用 bind-ref 绑定 id（不需要显示出来），bind-labelRef 绑定 name（可选）。
- bind-labelRef: [string][设计时属性]显示名引用，可选，如果 bind-optionsLabel 绑定了可选择的 data 字段，那么页面显示字段就是此属性绑定的字段。否则此属性绑定字段和 bind-ref 绑定的字段值是一样的。
- bind-options: [string][设计时属性]下拉部分 options（选项）的 bind（集合），这里绑定一个 data 组件，这个 data 组件中的数据是供他人选择使用的，如城市的集合。
- bind-optionsLabel: [string][设计时属性]options 中的显示列，此属性是从 bind-options 绑定的 data 中选择一个字段，用于下拉时页面显示出来的可选值。如果此属性为空，那么显示的值将是 bind-optionsValue 中绑定的字段，选中时将本字段的值赋值给对应的 bind-labelRef 绑定的值。
- bind-optionsValue: [string][设计时属性]options 中的值列，此属性和 bind-optionsLabel 属性是类似的。bind-optionsLabel 不存在时，select 下拉会显示此属性绑定的值，选中后赋值给对应 bind-ref 和 bind-labelRef 绑定的字段，如果 bind-optionsLabel 存在，此属性绑定的值只会赋值给 bind-ref 绑定的字段。
- optionsAutoLoad: [boolean]自动加载 options 数据，如果设置为 true，当组件初始化完成以后，就会自动去加载 bind-options 中绑定的 data 数据；如果是 false，那么只有等到 select 组件已经被单击，需要下拉数据时才会去加载数据。如果页面加载数据量比较大，页面初始化时间比较长时，建议需要时再加载，这样用户体验会比较好。

select 组件在下拉选择时，可以将下拉数据中一列的值赋值给主数据的一列，也可以将下拉数据中两列的值分别赋值给主数据的两列。设置方法如下：

1）将下拉数据中一列的值赋值给主数据的一列——设置 bind-optionsValue 和 bind-ref 属性。

2）将下拉数据中两列的值分别赋值给主数据的两列——设置 bind-optionsValue、bind-optionsLable、bind-ref、bind-lableRef 属性，选择后，将 bind-optionsValue 关联列的值赋值给 bind-ref 关联的列，将 bind-optionsLable 关联列的值赋值给 bind-lableRef 关联的列。select 显示 bind-lableRef 关联的列里面的值。

3）下拉数据有两列，存储一列，显示另一列——设置 bind-optionsValue、bind-optionsLable、bind-ref 属性，设置 bind-options 关联的 data 组件的 autoLoad 属性为 true。

下面是 select 组件的示例。

【例 2-14】　select 组件。

//select 绑定数据 data1，下拉值关联数据组件属性 area

```
            <select   component="$UI/system/components/justep/select/select"   bind-optionsCaption=" 请 选 择 ..."
class="form-control text1" xid="select1" bind-options="data1" bind-optionsValue="area"/>
```

新建一个 data 组件，data 组件的数据有东区、南区、西区、北区，select 组件的属性
"bind-options" 绑定 data 组件，属性 "bind-optionsValue" 关联 data 组件的 "area" 列。运行
结果如图 2-13 所示。

图 2-13　select 组件运行结果

2.3.4　gridSelect 组件

gridSelect 组件是下拉选择，提供单选或多选菜单。gridSelect 组件是使用 grid 进行扩展
实现的 select 组件，其下拉部分基本具有 grid 的特性，gridSelect 值表示包括三个部分：
value、label、ext。gridSelect 组件在下拉选择时，这三个部分配合使用，可以将下拉数据中
一列的值赋值给主数据的一列，可以将下拉数据中两列的值分别赋值给主数据的两列，也可
以将下拉数据中三列的值分别赋值给主数据的三列。设置方法如下：

1）将下拉数据中一列的值赋值给主数据的一列——设置 value 和 bind-ref 属性。

2）将下拉数据中两列的值分别赋值给主数据的两列——设置 value、label、bind-ref、
bind-lableRef 属性，选择后，将 value 关联列的值赋值给 bind-ref 关联的列，将 lable 关联列
的值赋值给 bind-lableRef 关联的列。select 显示 bind-lableRef 关联的列里面的值。

3）下拉数据有两列，存储一列，显示另一列——设置 value、lable、bind-ref 属性，设
置 option 关联的 data 或 bizData 组件的 autoLoad 属性为 true。

4）将下拉数据中三列的值分别赋值给主数据的三列——设置 value、label、ext、bind-
ref、bind-lableRef、bind-extRef 属性，选择后，将 value 关联列的值赋值给 bind-ref 关联的
列，将 lable 关联列的值赋值给 bind-lableRef 关联的列，将 ext 关联列的值赋值给 bind-extRef
关联的列。select 显示 bind-lableRef 关联的列里面的值。

下面是 gridSelect 组件的示例。

【例 2-15】 gridSelect 组件。

```
        <div    class="x-gridSelect"    component="$UI/system/components/justep/gridSelect/gridSelect"    xid=
"gridSelect1" bind-ref='$model.data1.ref("area")' multiselect="true">
        <option    xid="option1"    data="data1"    value="area"    label="id"    multiboxonly="true">
        </option></div>
```

运行结果如图 2-14 所示。

图 2-14   gridSelect 组件运行结果

2.3.5   radio 组件和 radioGroup 组件

radio 组件是常用的按钮组件，主要用于 radio 按钮的展示。radio 组件的属性如下。

- label: 显示名。
- name: 组件名，等价于 HTML 中的 name 属性，相同名的 Radio 为一组，选中是互斥的。
- checked: 是否选中。
- bind-ref: 数据感知的绑定表达式。
- checkedValue: 如果设置了，选中后是这个值，否则是 null 或 undefined; 如果没有设置，选中后是 true，没有选中是 false。

radioGroup 组件是表单单选组件，用于表单中的单选，需要绑定数据组件才可以使用，radioGroup 组件的属性如下。

- bind-ref: [string]数据感知的绑定表达式。
- bind-itemset: [string]显示项的数据绑定，通常指向 Data 组件。
- bind-itemsetValue: [string]itemset 中表示数据的列。
- bind-itemsetLabel: [string]itemset 中显示的列。

38

- itemStyle: [string]项上增加的样式。
- itemClass: [string]项上增加的类。

下面是 radio 组件和 radioGroup 组件的示例。

【例 2-16】 radio 组件和 radioGroup 组件。

```
//radio 组件
<span component="$UI/system/components/justep/button/radio" class="x-radio" xid="radio1" label="男">
</span>

<span component="$UI/system/components/justep/button/radio" class="x-radio" xid="radio2" label="女">
</span>

//radioGroup 组件
<span component="$UI/system/components/justep/select/radioGroup" class="x-radio-group"
    xid="radioGroup1"  bind-itemset="data1"  bind-itemsetValue="ref(&quot;area&quot;)"
    bind-ref="$model.data1.ref(&quot;area&quot;) bind-itemsetLabel="ref(&quot;area&quot;)"
    />
```

插入两个 radio 组件，将两个 radio 组件的 label 属性分别标记为男、女，对性别进行区分；插入 radioGroup 组件，用于显示大学生年级，绑定数据组件 data，数据组件中有 4 条数据，分别是大一、大二、大三、大四，将属性"bind-itemsetValue"关联数据组件属性 area，在页面显示出下拉数据。运行结果如图 2-15 所示。

图 2-15　radio 组件和 radioGroup 组件运行结果

2.3.6　checkbox 组件和 checkboxGroup 组件

checkbox 组件是表单多选组件，用于表单中的多选。checkbox 组件的属性如下。

- name: [string]组件名，等价于 HTML 中的 name 属性，相同名的 checkbox 为一组。
- label: [string]显示名。

- value: [string]在该属性值和 checkedValue 相同时，默认选中。
- checkedValue: [string]选中后的值，当 bind-ref 的值为 checkedValue 时 checked= true。
- checked: [boolean]是否选中。
- bind-ref: [string]数据感知的绑定表达式。

checkboxGroup 组件是表单多选组件。checkboxGroup 组件的属性如下。
- bind-ref: [string]数据感知的绑定表达式。
- bind-itemset: [string]显示项的数据绑定，通常指向 Data 组件。
- bind-itemsetValue: [string]itemset 中表示数据的列。
- bind-itemsetLabel: [boolean]itemset 中显示的列。

下面是 checkbox 组件和 checkboxGroup 组件的示例。

【例 2-17】 checkbox 组件和 checkboxGroup 组件。

```
<div component="$UI/system/components/justep/bar/bar" class="x-bar" xid="bar1">
    <a component="$UI/system/components/justep/button/button" class="btn btn-default"
       label="button" xid="button1" style="background-color:green;margin-right:20px;">
       <i xid="i1"/>
       <span xid="span1"/>
    </a>
    <h3 xid="h31" style="color:#000000;"><![CDATA[你好]]></h3>
```

运行结果如图 2-16 所示。

图 2-16 checkbox 组件和 checkboxGroup 组件运行结果

2.3.7 toggle 组件

toggle 组件是平台封装的一个常用的按钮控件，可以切换按钮的开关状态。toggle 组件的属性如下。
- name: 组件名，跟 HTML 中的 name 属性相同，相同名的 toggle 为一组，选中是互斥的。

- label: 组件显示名称，包括两个部分，on 表示选中名称，off 表示未选中名称。
- checked: 是否选中。
- type: 组件类型，取值范围为 checkbox/radio。
- checkedValue: 选中后的值。checkedValue 如果设置了，选中后是这个值，否则是 null 或 undefined；如果没有设置，选中后是 true，没有选中是 false。
- bind-ref: 数据感知的绑定表达式。

下面是 toggle 组件的示例。

【例 2-18】 toggle 组件。

```
<span component="$UI/system/components/justep/button/toggle" class="x-toggle"
    xid="toggle1" checkedValue="1" ON="展现" OFF="消失" onChange="toggle1Change"
/>
//js 代码
Model.prototype.toggle1Change = function(event){
        var toggleValue = this.comp("toggle1").val();
//当选中值为 1，即显示的是"展现"
        if(toggleValue==1){
                this.getElementByXid("output1").innerHTML="男生";
        }else{
//当选中值为 0，即显示的是"消失"
                this.getElementByXid("output1").innerHTML="";
        }
};
```

在 w 文件中添加 toggle 组件，并设置组件的 checkedValue 属性的值，在 toggle 组件数据改变时触发事件 onChange，当 checkValue 的值为 1 时，output 组件显示为"男生"，当 checkValue 的值不为 1 时，output 组件不显示任何文字。下面是 toggle 组件的实例。展现运行结果如图 2-17 所示，隐藏运行结果如图 2-18 所示。

图 2-17 toggle 展现运行结果

图 2-18 toggle 隐藏运行结果

2.4 组件案例

【**例 2-19**】 实现用户注册页面前端效果。

1．创建文件夹

在 UI2 目录下新建一个文件夹，命名为"example2-19"。

2．创建文件

在文件夹下创建两个文件，分别是 example2-19.w 和 detail.w。

3．example2-19 文件实现步骤

1）添加组件：添加组件，在 scrollView 组件中添加 input 组件，select 组件下拉专业名称，checkBox 组件表示"应届生"，两个 radio 组件表示性别，button 组件表示注册按钮，output 组件显示信息，添加 toggle 组件、messageDialog 组件，界面如图 2-19 所示。

图 2-19　未注册页面

2）关联数据：windowDiolag 组件的 scr 属性关联 detail.w。

3）注册按钮 button 组件的 js 代码。

```
//注册按钮
Model.prototype.button1Click = function(event){
        var sex="";
        if(this.comp("radio1").val()!=""){
                sex=this.comp("radio1").val();
        }else{
                sex=this.comp("radio2").val();
```

```
            }
        this.comp("uData").newData({
            "defaultValues" : [{
                "id" : justep.UUID.createUUID(),
                "name" : this.comp("input1").val(),
                "major" : this.comp("select1").val(),
                "sex" : sex,
            }]
        });
        this.comp("uData").saveData();
        this.comp("uData").getCurrentRow();
        if(this.comp("checkbox1").val()==1){
            this.comp("uData").setValue("graduate","应届生");
        }else{
            this.comp("uData").setValue("graduate","非应届生");
        }
        this.comp("uData").saveData();
        this.comp("windowDialog1").open({
            "data":this.comp("uData").val("name")
        });
        this.comp("messageDialog1").show({"message" : '恭喜注册成功！'});


    };
    //toggle 组件 onChange 事件
        Model.prototype.toggle1Change = function(event){
            if(this.comp("toggle1").val()==1){
        this.getElementByXid("output1").innerHTML="欢迎"+this.comp("uData").val("name")+this.comp
("uData"). val("graduate")+"到来！ ";
            }
        };
```

  注册按钮代码，判断表示性别的 radio 组件的值，赋值给一个变量，数据表新建一条数据，将前台页面填写的信息保存，判断表示应届生的 checkBox 组件的值，将对应值保存到当前行信息，用 widowDialog 组件的 open()方法打开页面 detail.w，并将姓名传送出去。toggle 组件 onChange 事件是用来判断 toggle 组件的当前选定值，若符合要求，将在 output 组件中输出信息。用户注册运行结果如图 2-20 所示。

  4．detail.w 文件实现步骤

  1）添加组件：detail.w 页面添加 windowReceiver 组件接收消息，添加 output 组件输出信息。

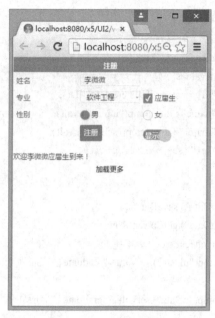

图 2-20　用户注册页面

2）windowReceiver 组件 onReceive 事件：

```
Model.prototype.windowReceiver1Receive = function(event){
    var name=event.data;
    this.getElementByXid("output1").innerHTML="欢迎"+name+"的到来！";
};
```

windowReceiver 组件的 onReceiver()方法接收数据，用 output 组件输出。运行结果如图 2-21 所示。

图 2-21　注册成功页面

2.5　本章小结

本章主要介绍了 WeX5 中常用的组件，主要分为三大类，分别是布局组件、对话框组件和表单组件，每一类又分为若干个常用的组件，对每个组件的常用属性做了详细的讲解。由于组件是直接拖拽到设计器中的，对于使用者来说特别方便，比较容易上手。

2.6　实验指导：使用 **WeX5** 制作注册页面

前端页面是基于 HTML、CSS、javaScript，将前端页面组件拖拽到设计器中，修改组件样式，增加组件方法。

2.6.1　实验目的和要求

1）掌握 Studio 开发工具的使用方法。
2）掌握组件的使用条件，组件的属性和方法。
3）了解组件之间的关联情况。

2.6.2　制作简易页面

1．任务描述

使用 Studio 开发工具，在 UI2 目录下创建注册页面。

2．任务要求

1）掌握 Studio 开发工具的使用过程。
2）掌握组件的属性和使用条件。
3）掌握组件常用的方法。

3．知识点提示

本任务主要用到以下知识点。

1）创建项目文件，组件的合理使用。
2）WeX5 开发环境基础。
3）组件之间的关联情况。

4．操作步骤提示

在此简单提示一下操作步骤。

1）在 UI2 目录上右击，在弹出的快捷菜单中单击"新建"，创建应用文件，创建 W 文件。
2）根据自己的需求，在 W 文件中放置需要的组件。
3）打开 Tomcat 控制台，在应用文件夹右击，在弹出的快捷菜单中单击"在浏览器中运行"，运行这个应用文件。

2.7　习题

一、选择题

1．以下不属于布局组件的是（　　　）。

A. row 组件　　　　B. button 组件　　　　C. wing 组件　　　　D. titleBar 组件

2．对话框 windowDialog 组件的属性"status"是初始化状态，有两种情况，（　　）表示对话框大小可以调整。

A. normal　　　　B. maximize　　　　C. minimixe　　　　D. mediummixe

3．select 下拉组件的（　　）属性绑定 data 数据组件。

A. bind-options　　B. bind-ref　　　　C. bind-optionsLabel　D. bind-value

4．input 组件的（　　）属性用来提示信息。

A. placeHolder　　B. hint　　　　　　C. pattern　　　　　　D. placeHint

二、填空题

1．select 组件下拉选择，提供单选菜单，_____绑定一个 data 组件，_____绑定的是需要赋值的那个 data 组件的字段。

2．windowReceiver 是通过_____事件接收 windowDialog 传送过来的信息，可以通过_____方法关闭当前对话框不向调用者传送数据，还可以通过_____方法向调用者传送数据并关闭当前窗口。

3．toggle 组件是平台封装的一个常用的按钮控件，可以切换按钮的开关状态。_____用于组件显示名称。

4．checkboxGroup 组件是表单多选组件，_____用于数据感知的绑定表达式，_____用于显示项的数据绑定，通常指向 Data 组件。

三、概念题

1．windowDialog 组件和 windowReceiver 组件的关系是什么？

2．WeX5 常用组件有几类？

第 3 章　WeX5 的 App 开发

WeX5 框架是一个 HTML5 应用快速开发框架，跨平台性极好，支持移动端 App、网页 App 等应用的开发，仅需要一次开发即可多平台跨度运行使用。

本章将向读者介绍如何将自己设计好的项目打包成 App。WeX5 开发的 App 可以打包成 Android apk 包和 iOS ipa 包，iOS ipa 包可以发布到苹果 App Store（苹果商店）。如果要上架苹果的 App Store，需要拥有苹果开发账号，上架的应用必须通过苹果公司的审核。

3.1　App 打包

本书的"本地 App"指的是基于 Cordova 框架标准的工程，可以包含一个或者多个平台的支持（iOS 平台、Android 平台等）。

对于本地 App，Cordova 官方的解释是：Apache Cordova 是一个开放源代码的移动开发框架，它允许使用标准的 Web 技术如 HTML5、CSS3 和 JavaScript 进行跨平台开发，避免使用每个移动平台的原生语言开发，应用程序在有针对性的每个平台的包装内执行，并依靠符合标准的 API 绑定访问每个设备的感应器、资料和网络状态。

在 WeX5 框架中，当完成开发后，如果要发布我们开发的 App 软件项目，就要把软件项目打包成 App。

WeX5 提供两种版本 App：Windows 和 Mac。如在 Windows 环境下开发 App，打 iOS App 包时需使用打包服务器；如使用 Mac 版本，打 iOS App 包时则不需要使用打包服务器。另外，打 Android apk 包不需要使用打包服务器。

3.1.1　App 打包流程

打开解压后的 WeX5 文件目录，如图 3-1 所示。

📖 注意：解压最好放在根目录下，不要放在含中文、空格和特殊字符的目录下。软件项目文件名最好是纯字母。

当要把做好的 WeX5 项目打包成 App 进行部署时，就必须了解 App 打包的具体流程。WeX5 框架 App 打包的具体流程如下。

1）双击"启动 WeX5 开发工具.bat" 打开 WeX5 Studio 开发工具。

2）在"模型资源"窗口下找到 Native 目录，右击，在弹出的快捷菜单中可单击"新建→创建本地 App"命令，如图 3-2 所示。

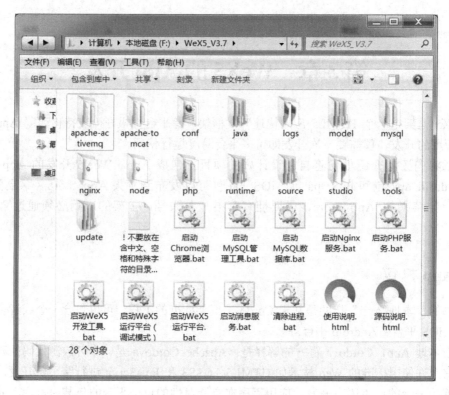

图 3-1　WeX5 文件目录

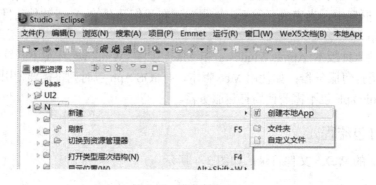

图 3-2　创建本地 App

3）接下来弹出创建本地 App 的窗口，根据实际需求选择对应的打包模式。需要注意的是，"应用名"处填写的名字是最终生成 App 的名字，如图 3-3 所示。

4）设置服务地址和选择 UI 资源。填写"Web 服务地址""Web 路径"，选择好项目首页 index.w 文件，如图 3-4 所示。

5）配置应用信息。填写版本号（如 1.0.0，由三部分组成）、应用包名、应用描述，并选择 Android 的 WebView 引擎（如果无特殊需要，一般默认为"自动选择"），如图 3-5 所示。

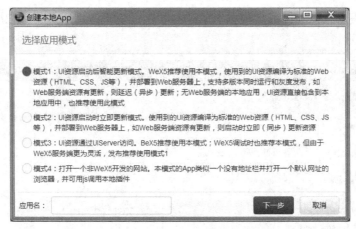

图 3-3　模式选择

图 3-4　设置服务地址和选择 UI 资源

图 3-5　配置应用信息

6）配置开发者信息和证书。根据需求选择要生成安卓应用还是苹果应用，填写证书信息，如图3-6所示。

图3-6　配置开发者信息和证书

7）设置屏幕选项。设置 App 的应用图标、纵向欢迎图片和横向欢迎图片，如图 3-7 所示。

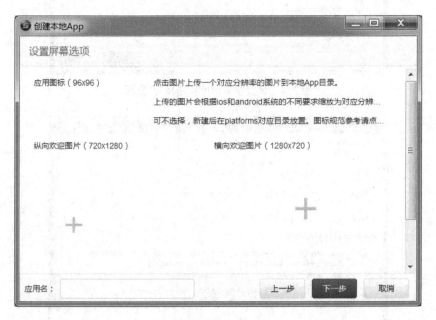

图3-7　设置屏幕选项

8）选择打包的本地插件。这部分将所需的插件打包进 App，默认为"自动追加"，如图3-8所示。

图 3-8　选择打包的本地插件

9）配置更新信息，如图 3-9 所示。

图 3-9　配置更新信息

10）本地应用信息。这里可以看到之前设置的信息，检查无误后，单击"完成"按钮，如图 3-10 所示。

图 3-10 本地应用信息

11）开始执行，编译，生成证书，耐心等待几分钟，如图 3-11 所示。

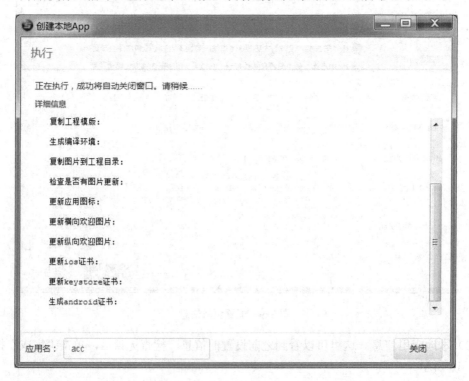

图 3-11 开始执行

12）启动 App 生成向导。选择需要生成的 App 包。如果需要发布最终对外发布包，勾选"发布模式"复选框。最后单击"完成"按钮，将开始编译工作，如图 3-12 所示。

图 3-12　App 生成向导

13）完成打包，如图 3-13 所示。

图 3-13　完成打包

14）最后可以在 WeX5 Studio 里的"模型资源"窗口、Native 目录里对应生成的 App 项目目录中查看打包文件。dist 文件夹中包含了生成的 App 文件，如图 3-14 所示。

图 3-14　查看打包生成文件

3.1.2　参数详解

从之前的 App 打包流程中，已经基本了解了 WeX5 的打包流程。下面来具体介绍一些参数的配置。

1. 应用模式

在打包过程中会遇到选择应用模式的问题。以目前 WeX5 的 V3.7 版本为例，打包时一共提供了 4 种模式供开发者使用。

- 模式 1：UI 资源启动后智能更新模式。WeX5 推荐使用本模式，使用到的 UI 资源编译为标准的 Web 资源（HTML、CSS、JS 等），并部署到 Web 服务器上，支持多版本同时运行和灰度发布，如 Web 服务器端的文件有更新，则延迟（异步）更新；无Web 服务端的本地应用，UI 资源直接包含到本地应用中，也推荐使用此模式。
- 模式 2：UI 资源启动时立即更新模式。使用到的 UI 资源编译为标准的 Web 资源（HTML、CSS、JS 等），并部署到 Web 服务器上，如 Web 服务端的资源有更新，则启动时立即（同步）更新资源。
- 模式 3：UI 资源通过 UIServer 访问。BeX5 推荐使用本模式；WeX5 调试时也推荐本模式，但由于部署在 WeX5 服务端的项目更为灵活，发布推荐使用模式 1。
- 模式 4：打开一个非 WeX5 开发的网站。本模式的 App 类似一个没有地址栏并打开一个默认网址的浏览器，并可用 JS 调用本地插件。

App 打包使用的是 Native 目录，如图 3-15 所示。

- plugins 目录：自定义插件目录。如需增加插件，复制到该目录下即可。
- templates 目录：用于本地 App 应用打包时的模板目录。下面包含 advancde 目录和 normal 目录。
- advancde 目录：源码目录。源代码模式打包时使用。

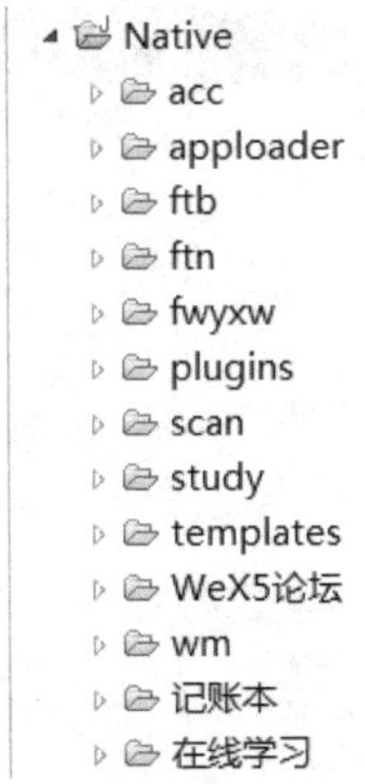

图 3-15 Native 目录

- normal 目录：是 WeX5 本地 App 应用生成的模板目录。build.properties 是编译配置文件，配置证书密码和记录上一次打包相关配置。config.xml 是 cordova 的标准配置文件，一般不需要自己做修改。说明.txt 是对打包相关重要信息的说明文件。

另外介绍 platforms 目录：是基于 cordova 目录结构的代码和资源目录，在这个目录中可根据自己的需要更换相关图标。其中 android 下的 res 目录存放的是 android 的图标和启动欢迎图片；ios 的 X5 下的 Resources 目录里的 icons 目录存放的是 ios 的图标，splash 目录存放的是 ios 的启动欢迎图片。在打包导航过程中也会提示配置自己的应用图标和启动欢迎图片，操作起来更便捷，可不在目录中手工做更换。

新建一个本地 App 应用时，是将 platforms 目录、android.keystore 证书、build.properties 配置文件、说明文件生成至新建 App 应用目录中，产生一个完整的 App 应用。

📖 注意：在 App 应用的目录文件中还有一个隐藏的 App.project 配置文件，存储的是创建 App 应用时的相关配置选项信息。

2．Web 服务器地址

这里设置的 Web 服务器地址，即加载 UI 资源的访问地址，也就是发布资源的服务器地址，可以是本地服务器、CloudX5 云服务器和其他的服务器地址。

在打包时，用的是 Web 服务器地址：http://192.168.0.106:8080。

3．Web 路径

选择发布资源时，发布的资源在 www 目录下的目录名称，最好和项目名称保持一致。

📖 注意：使用 UIServer 的情况（也就是使用模式 3 进行打包的时候），必须使用/X5/UI2。

4．选择首页

首页即 App 启动后看到的页面，如果 App 启动时需要向服务器发送请求，所请求的首页面就是此配置的页面。

双击"选择需要发布的资源"中要显示的首页面即可，如图 3-16 所示。

5．配置证书

如图 3-17 所示，打开 Android 的 App 应用包时必须勾选"Android 证书"复选框，输入 Android 证书密码，会根据所输入的开发者相关信息和证书密码，重新生成 Android 证书。

图 3-16　选择首页

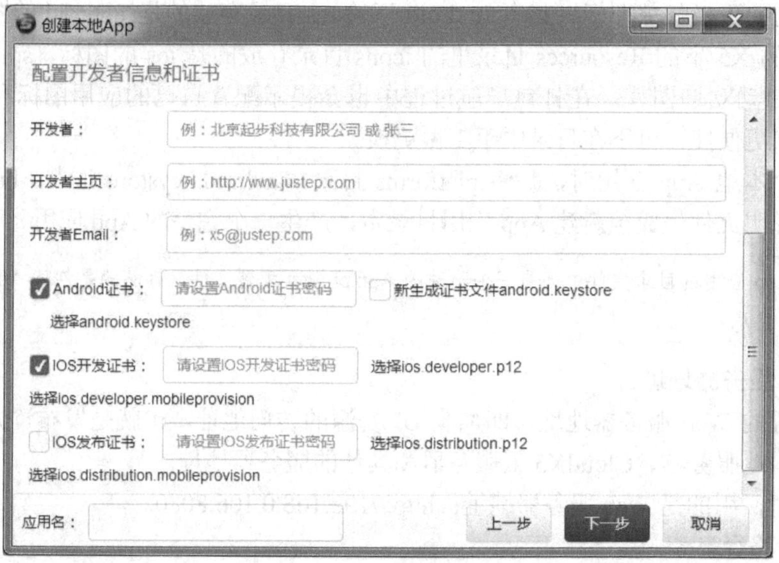

图 3-17　配置证书参数

打 iOS 的 App 包时，需要根据使用的是 iOS 的开发证书还是发布证书进行选择。输入 iOS 证书密码（是 P12 文件的密码），然后选择对应的 P12 文件和 App 验证文件。

6．发布模式

选择发布模式后，不能使用真机调试。如果是"微信分享功能"，只能在发布模式的 App 中执行。

使用 iOS 的发布证书（distribution）打包时，则需要勾选对应的发布模式选项。

使用 iOS 的开发证书（developer）打包时，该项必须不勾选。

7．使用应用打包服务器生成本地应用

Windows 环境下打包 iOS 的 App，必须选择该选项。使用应用打包服务器，必须输入应用打包服务器地址，地址输入后，需进行"连接测试"，以确定打包服务器可用。

在 Mac 下使用 Mac 版本打包时该选项可不选。

如果选择这个选项，那么必须进行打包服务器的安装，详见 3.1.1 节 App 打包流程。

3.1.3　打包常见错误

App 打包执行过程中，如未成功生成 App 包，会在执行窗口出现报错信息，需要从最底端往上查看错误信息。

- 如果是使用打包代理服务打 iOS App 包，则需查看"代理服务日志"。
- 如果是打 Android App 包，则只查看"日志"。
- 如果是 Mac 版，则不区分"日志"和"代理服务日志"，直接查看当前执行窗口的"报错信息"栏。
- 查看时重点关注出现"BUILD FAILED""security""ERROR"字样前后的相关信息。

将一些常见的问题总结如下。

1）打包过程中输入的 Android 密码不正确时，会在打包服务器日志中输出如下内容：

```
BUILD FAILED
I:\X5.3\WeX5_V3.2.1\tools\adt-sdk\tools\ant\build.xml:1135: The following error occurred
while executing this line;
I:\X5.3\WeX5_V3.2.1\tools\adt-sdk\tools\ant\build.xml:1147: Keystore was tampered
with,or password was incorrect: Password verification failed
```

2）打包过程中选择的 Android 证书文件不正确，如随便放了一个 android.keystore，会在打包服务器日志中输出如下内容：

```
  BUILD FAILED
I:\X5.3\WeX5_V3.2.1\tools\adt-sdk\tools\ant\build.xml:1135: The following error occurred
while executing this line:
I:\X5.3\WeX5_V3.2.1\tools\adt-sdk\tools\ant\build.xml:1147: java.io.EOFException
at java.io.DataInputStream.readInt(DataInputStream.java:392)
at sun.security.provider.JavaKeyStore.engineLoad(JavaKeyStore.java:646)
at sun.security.provider.JavaKeyStore$JKS.engineLoad(JavaKeyStore.java:55)
at java.security.KeyStore.load(KeyStore.java:1214)
```

3）使用 Windows 环境打 Android App 包时，如果操作系统环境变量 path 中没有"c:\windows;c:\windows\system32"，会在日志中输出如下内容：

```
生成 android 应用包:
Running command: D:\X_5\X_55555\model\Native\ddd\build\src\platforms\android\cordova\
build.bat--debug
Error: D:\X_5\X_55555\model\Native\ddd\build\src\platforms\android\cordova\build.bat:
Command failed with exit code 2
at ChildProcess.whenDone (D:\X_5\X_55555\tools\cordova\node_modules\cordova-lib\src\
cordova\superspawn.js:135:23)
at ChildProcess.EventEmitter.emit (events.js:98:17)
at maybeClose (child_process.js:743:16)
```

```
at Process.ChildProcess._handle.onexit (child_process.js:810:5)
```

4）下面的报错是因为打包时没有选择资源，却选择了编译资源，所以提示找不到文件。打包时选择编译资源，请确认一定要选择上资源目录才可以。

```
加密 UI 资源:
****ERROR****: 子任务 "copy" 执行失败。
****ERROR****: 任务 "processWWW" 执行失败。
****ERROR****: 执行出错:
****ERROR**** 错误信息: Warning: Could not find file E:\WeX5_V3.2.1\model\Native\acc\www
```

5）打包过程中输入的应用包名称与 iOS 的 BundleID 不一致时，会在打包服务器日志中输出如下内容:

```
=== BUILD TARGET X5 OF PROJECT X5 WITH CONFIGURATION Release ===
Check dependencies
Code Sign error: No matching provisioning profiles found: No provisioning profiles
with a valid signing identity (i.e. certificate and private key pair) matching the
bundle identifier "com.WeX5.takeout" were found
```

6）打包时出现下面的错误时，是 jdk1.7 在某种环境下启动 JVM 出错:

```
[dx] Error occurred during initialization of VM
[dx] Could not reserve enough space for object heap
[dx] Error: Could not create the Java Virtual Machine.
[dx] Error: A fatal exception has occurred. Program will exit.
```

3.2 App 调试

打包时的注意事项如下。

需要打调试包：打包时不要勾选"发布模式"复选框。Android 4.4 以及以上版本，选择或者不选择增强型浏览器选项都可调试，Android 4.4 以下版本必须选择增强型浏览器选项才可调试。

3.2.1 浏览器和安卓版本

安装 Chrome 32.x 以及以上版本。WeX5 框架 3.2.1 版本开始，已经自带浏览器，单击"启动 Chrome 浏览器"即可启动，或者 studio 中选中.w，用浏览器运行会自动启动。

打开手机的 USB 调试选项，在系统设置的开发人员选项里面，Android 4.2 以及以上版本中，如果系统设置里面没有开发人员选项，可以找到设置内关于里面的"版本号"，并连续单击多次，这样设置中会多出开发人员选项。

用数据线把手机和计算机进行连接，系统会识别出手机，可以在我的电脑管理里面看看设备管理器中有没有未识别的 USB 设备，如果没有，那说明驱动正常；如果有感叹号，建议安装驱动程序。

打开手机内安装好的应用，并打开需要调试的页面。在启动好的 Chrome 内输入: chrome://inspect/#devices。

Chrome 浏览器的调试界面如图 3-18～图 3-20 所示。

图 3-18　Chrome 浏览器调试界面 1

图 3-19　Chrome 浏览器调试界面 2

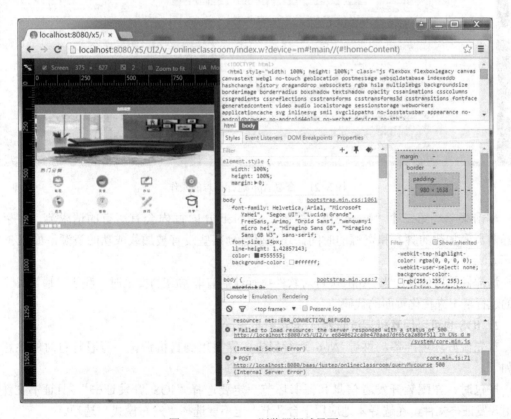

图 3-20　Chrome 浏览器调试界面 3

3.2.2 App 日志操作说明

在 App 的调试过程中，我们可以对 App 的运行日志进行查看。

1. 查看 App 运行日志的操作（真机调试界面）

单击菜单栏第一个"Elements"按钮，这个界面会显示当前所打开页面的实现代码，然后单击自己想查看的地方，就可跳转到相应的实现代码，如图 3-21 所示。

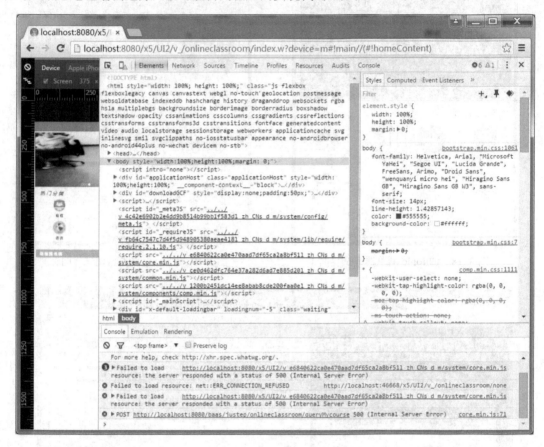

图 3-21　查看 App 运行日志的操作

单击菜单栏第二个"Network"按钮，在 Network 框内会有所有的请求流，可以看到当前页面加载的脚本和资源的时间，还可以看到某些没有被加载成功的资源，如图 3-22 所示。

这样做的好处是，当 App 项目对软件执行性能有非常高的要求时，我们可通过各个页面的运行情况来优化页面的代码。

2. iOS 也可以用真机调试查看 App 运行日志

首先做好环境准备，再看 App 运行日志，需要用到真机调试。查看打包时的注意事项如下。

打包时，在配置开发者信息和证书环节一定要选择"iOS 开发证书"，且证书文件也要用开发证书文件，在选择本地应用平台环节一定不要选择"发布模式"选项。

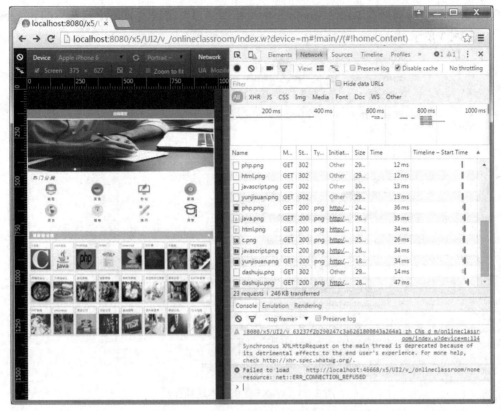

图 3-22　查看 App 运行加载资源的时间

进入真机调试界面之前的操作：iOS 必须使用 Mac OS X 下的 Safari，Windows 下的 Safari 在 2012 年已经停止开发，不支持调试。进入真机调试界面前的操作步骤具体如下。

1）设置手机允许调试：在手机的设置里面进行操作。

2）关闭：设置→Safari→不跟踪。

3）打开：设置→Safari→高级→Web 检查器。

4）设置 Safari 允许调试：打开 Safari→偏好设置。

5）手机打开安装好的应用，并打开需要调试的页面（用 xcode 安装 App 应用）。

6）启动 Safari，单击开发，找到手机设备，当出现要运行的应用文件时，表示已经进入真机调试界面。

3.3　插件的使用

WeX5 中提供了许多插件供开发者使用，也可以使用本地插件、自定义插件和官方插件。WeX5 的混合模式底层基于 Cordova/phonegap，所以开发本地插件只需要按照相应规范即可，由于 BeX5 基于 WeX5，所以本文档也适用于 BeX5。

3.3.1　本地插件

WeX5 的混合模式底层基于 Cordova/phonegap，所以开发本地插件只需要按照相应规范即可。WeX5 提供的插件在 WeX5 Studio 里的"模型资源"窗口的 Native 目录下的 plugins 目录，如图 3-23 所示。

图 3-23　WeX5 提供的本地插件

这里以常用的条形码扫描插件为例介绍插件的使用。

1．准备工作

理论上开发 Cordova 插件并不需要创建"本地 App"，只要按着 Cordova 插件的目录结构写好代码就可以了。之所以先创建"本地 App"，在"本地 App"里开发 Cordova 插件有三个原因：一是有助于理解 Cordova 插件的原理；二是写完插件可以很方便地测试；三是因为理解原理，可以迅速准确地编写 Cordova 插件配置文件。

2．更换目录

在 http://plugins.cordova.io/#/package/com.phonegap.plugins.barcodescanner 下载好源代码，并把插件的目录名改为和 id 相同，这里是 com.phonegap.plugins.barcodescanner。id 可以打开源代码中的 plugin.xml 查看，根节点 plugin 的 id 属性值即是。

3．打包

将插件打包到 App 可以有两种办法。

1）在创建/编辑 App 的过程中，插件选项将会自动选择插件，但是该情况必须保证在应用编译资源过程中编译到的 UI 资源引用了该插件，即在.w 界面对应的 JS 文件中要求（require）了插件，如 require("cordova!com.phonegap.plugins.barcodescanner")。

2）在创建/编辑 App 的过程中，直接在插件列表中找到该插件，手动勾选即可。

接下来就是调用插件的 API，在需要使用插件的页面对应的 JS 文件中，使用如下代码引用：require ("cordova!com.phonegap.plugins.barcodescanner")。

再参考插件的文档，书写对应的 JS 文件。对于 barcodeSacnner，代码如下：

```
cordova.plugins.barcodeScanner.scan(
    function (result) {
        alert("We got a barcode\n" +
        "Result: " + result.text + "\n" +
        "Format: " + result.format + "\n" +
        "Cancelled: " + result.cancelled);
    },
    function (error) {
        alert("Scanning failed: " + error);
    }
);
```

在.w 对应的 JS 中，对于 barcodeScanner，上述代码一般会写到某个组件的 click 事件上，而有的插件需要在页面初始化时执行，那可以写到模型（model）的 onLoad 事件中。

3.3.2 第三方插件

针对如何在 App 中打开第三方应用这个问题，下面将以打开"新浪微博"为例做详细讲解。

1．配置应用

在 Native 目录的 plugins 文件夹下新建所要打开的应用的文件夹，其中有配置文件 plugin.xml。下面以"新浪微博"为例。

plugin.xml 内容如下：

```
<?xml version="1.0" encoding="UTF-8"?>
<plugin xmlns="http://apache.org/cordova/ns/plugins/1.0" xmlns:android="http://schemas.android.com/
apk/res/android" id="com.justep.cordova.plugin.sinaWeibo" version="5.3.0">
    <name>新浪微博</name>
    <description>新浪微博</description>
    <license>MIT</license>
    <keywords>cordova,sina</keywords>
    <!--require cordova version -->
    <engines>
        <engine name="cordova" version=">=3.5.0" />
    </engines>
    <!-- ios -->
    <platform name="ios">
        <config-file target="config.xml" parent="/*">
            <allow-intent href="sinaweibo://*" />
        </config-file>
        <config-file platform="ios" target="*-Info.plist" parent="LSApplicationQueriesSchemes">
            <array>
                <string>sinaweibo</string>
            </array>
        </config-file>
    </platform>
```

```
            <!-- android -->
            <platform name="android">
                <config-file target="res/xml/config.xml" parent="/*">
                    <allow-intent href="sinaweibo://*" />
                </config-file>
            </platform>
        </plugin>
```

配置文件中主要要点为配置要打开应用的 intent 和 scheme。

2．引入插件

例如：require ("cordova! com.justep.cordova.plugin.sinaWeibo");然后打开地址"sinaweibo: //userinfo? uid= 3444956000"。

例如：<a href="sinaweibo: //userinfo?uid=3444956000">直接打开</a>单击即可打开微博（其中 uid 为想要打开的用户 id）。

3．打包

在创建/编辑 App 的过程中，插件选项将会自动选择插件，但是该情况必须保证在应用编译资源过程中编译到的 UI 资源引用了该插件，即在.w 界面对应的 JS 文件中要求（require）了插件，如 require("cordova!com.phonegap.plugins.barcodescanner")。

3.3.3　其他应用插件

可以在以下这些网站中找到我们需要的插件。

访问 Cordova 的官方插件库：http://plugins.cordova.io/#/，如图 3-24 所示。

图 3-24　Cordova 官方插件库

github 搜索：https://github.com。在用搜索引擎搜索找到其他开发者开发的一些插件应用在自己的 App 上。

Cordova 提供了一组设备相关的 API，通过这组 API，移动应用能够以 JavaScript 访问原生的设备功能，如摄像头、麦克风（送话器）等。在实际的项目开发中，需要用到 Cordova 的插件进行各个不同平台的辅助开发，我们可以通过 plugins.cordova.io 对现有插件进行搜索以及安装。但是更多的时候，我们需要开发属于自己的插件。可以查看官方文档 Plugin Development Guide。

Cordova 插件可以是纯 js 写，也可以是 js 加 Android 代码。本次举例的插件是 js 和 Android 混合的形式。

开发一个 js 和 Android 混合的插件需要以下几步。
- 添加一个继承 Cordova Plugin 的 java 文件。
- 在 assets\www\plugins 添加插件的目录，并在该目录下添加一个 js 文件。
- 配置 cordova_plugins.js 文件（配置 js 文件的相关信息）。
- 配置 res\xml\config.xml 文件（配置 java 文件的相关信息）。

原理："本地 App" 使用插件，调用插件内的方法是通过 js 实现的。我们之前创建页面文件夹下有一个文件 index.js，在这个文件里写 js 调用插件，接收指令的是插件的 js 文件，插件 js 文件调用继承 Cordova plugin 的 java 文件，java 文件再执行操作或者调用工程 jar、aar 或者其他，并将结果返回给插件内的 js 文件，再到页面的 index.js。也就是说，我们写插件时添加的 js 文件和 java 文件是入口，接收 Cordova 的调用，并在内部实现对其他程序、工程的调用，使 Cordova 获得插件所具备的功能。

3.4 App 开发案例

【例 3-1】 将"微店"软件项目打包成 App 文件。

将做好的项目文件保存，并且启动 Tomcat 调试完毕，如图 3-25 所示。

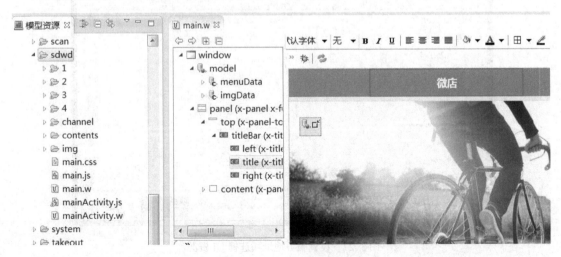

图 3-25 "微店"项目

右键单击 Native 目录，在弹出的快捷菜单中单击"新建→创建本地 App"命令，如图 3-26 所示。

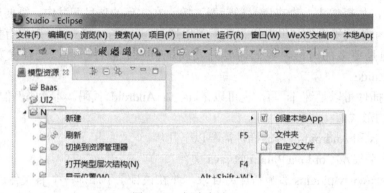

图 3-26　创建本地 App

填写"UIServer 服务地址"，选择本机地址；"Web 路径"填写"/x5/UI2"；双击项目，首页文件自动添加，如图 3-27 所示。

创建本地App

设置服务地址和选择UI资源

UIServer服务地...　http://192.168.1.100:8080

Web路径：　/x5/UI2

首页：　/sdwd/main.w

选择需要发布的资源：

sdwd/main.w

▸ ☐ 📂 scan
▾ ■ 📂 sdwd
　▸ ☐ 📂 1
　▸ ☐ 📂 2
　▸ ☐ 📂 3
　▸ ☐ 📂 4
　▸ ☐ 📂 channel
　▸ ☐ 📂 contents
　▸ ☐ 📂 img
　☑ 📄 main.w

应用名：　微店　　　　上一步　下一步　取消

图 3-27　设置服务地址和选择 UI 资源

配置好版本号、应用包等信息，如图 3-28 所示。

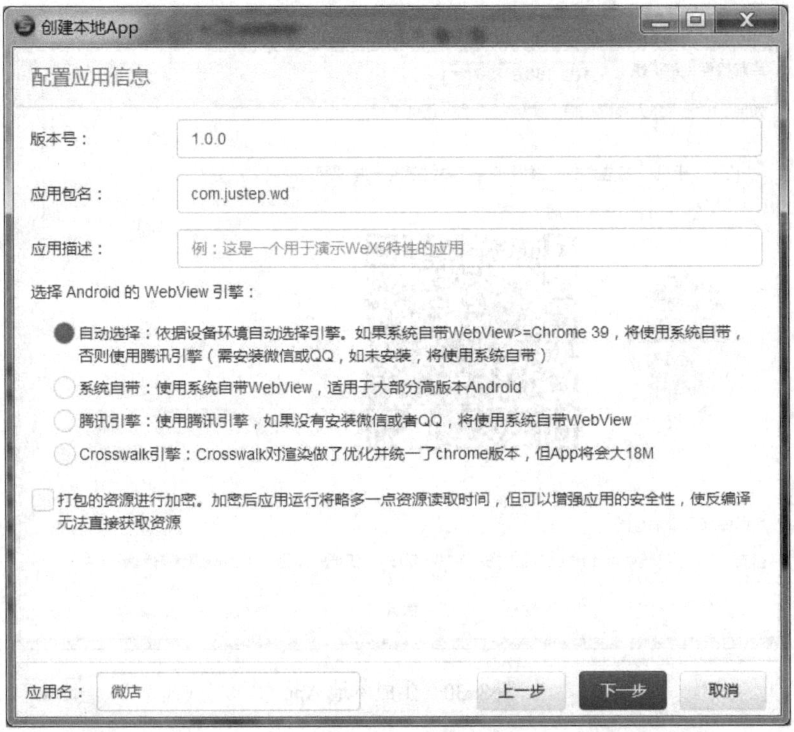

图 3-28　配置应用信息

填写相关信息，生成安卓证书，如图 3-29 所示。

图 3-29　配置开发者信息和证书

最后生成"微店 App"，如图 3-30 所示。

图 3-30　生成本地 App

Native 目录里生成了"微店"目录，在 dist 目录里生成好了安卓的 apk 文件，如图 3-31 所示。

图 3-31　生成安卓 apk 打包文件

3.5　本章小结

本章主要讲述了如何将做好的项目打包成 App。首先，在 WeX5 框架中，可以根据具体的需要将项目文件打包成 Android apk 包和 iOS ipa 包；然后，具体介绍了 App 的打包流程、打包时的一些具体参数设置，以及打包常见的错误问题；接下来介绍了 App 的浏览器调试和安卓版本问题、查看 App 日志说明；最后，介绍了插件的使用，介绍了本地插件、第三方插件以及其他应用插件。

3.6　实验指导：使用 **WeX5** 将软件项目打包

App 开发可采用 WeX5 框架进行项目打包和发布，通常有四种模式需要选择，参见 3.1.2 节。

本实验将选择合适的模式进行项目生成 App，并且进行打包。

3.6.1　实验目的和要求

1）掌握 WeX5 框架的使用方法。

2）理解安卓 App 和苹果 App 打包之间的异同。

3）掌握 WeX5 打包的具体步骤。

4）掌握打包时参数的正确配置。

3.6.2　打包应用软件项目

1．任务描述

将 WeX5 框架自带的软件项目模板打包成 App。

2．任务要求

1）了解和掌握 WeX5 中 App 打包的具体流程。

2）掌握 App 生成向导中，各个步骤的参数配置情况。

3）将应用软件项目打包。

3．知识点提示

本任务主要用到以下知识点。

1）WeX5 开发环境基础。

2）创建项目文件，以及组件的合理使用。

3）App 打包步骤以及流程。

4．操作步骤提示

在此简单提示操作步骤。

1）在 UI2 目录上右击，在弹出的快捷菜单中单击"新建"，创建应用文件，创建 w 文件→向导→微店→模板。

2）根据自己的需求调整，在 w 文件中放置需要的组件。

3）保存文件后，启动 Tomcat 调试工具，可以右击 w 文件，使用浏览器调试。

4）做完后，在 Native 目录上右击，在弹出的快捷菜单中单击"新建→创建本地 App"。

5）根据 App 生成向导，填写相应参数，完成打包。

3.7 习题

一、选择题

1．在 WeX5 的 3.7 版本中，一共有（　　）种打包模式。

　　A．2 种　　　　　B．3 种　　　　　C．4 种　　　　　D．5 种

2．在一个完整的 App 打包项目中，所需选择的"首页路径"是指项目的（　　）的路径。

　　A．index.w 文件　　B．main.w 文件　　C．index.html 文件　　D．整个文件

二、填空题

1．WeX5 开发的 App 可以打成 Android 的_____包和 iOS 的_____包。

2．在 WeX5 中打包时，需要在"模型资源"窗口下找到_____目录，右击，在弹出的快捷菜单中单击"新建→创建本地 App"。

3．WeX5 的混合模式的底层基于_____和_____，所以开发本地插件只需要按照相应规范就可以。

三、概念题

1．什么是"本地 App"？

2．使用"本地插件"的具体步骤是什么？

第 4 章 组件的动态操作

WeX5 的组件体系完全基于 HTML5+CSS+JS，使用 requirejs、jQuery 和 Bootstrap 技术，内置支持大量丰富的 UI 组件；针对一些常用的场景，WeX5 提供了丰富的向导，便于快速构建应用。

WeX5 的界面是由组件构成的，组件是一个可以用图形化方式显示在屏幕上，并能与用户进行交互的对象。组件是对数据和方法的封装，有自己的属性、事件和方法等。

本章从组件的创建、属性、方法、操作、事件、样式、API、调试等方面介绍组件的使用。

4.1 组件的属性

组件的属性分为两种：一种是设计时属性，另一种是运行时 JS 类上的属性。设计时属性值可以分为普通值和表达式，表达式提供了组件属性的动态能力，即简化了代码，也容易设置，是 WeX5 的一大亮点。

4.1.1 使用设计器设置

1．在属性编辑器中设置

在 WeX5 框架中，每个组件都有 xid 属性，在一个 w 文件中每个组件的 xid 有且仅能有一个，不能重复，通过 xid 可以获取组件的 js 对象和 jQuery 对象。

> 📖 注意：X5 使用单页模式，系统会根据 xid 给组件生成不重复的 id，因此不要自己增加 id 属性，容易造成 id 重复。

如图 4-1 所示，可以通过下拉按钮选择属性，也可以自己输入属性值。

2．通过右键菜单设置

功能复杂的组件只在属性编辑器中设置属性是不够的，设计器给组件提供了右键菜单，通过右键菜单提供复杂的设置功能。如图 4-2 所示为 data 组件的右键菜单表。下面列举了几个设置了右键菜单的组件。

- data 组件：编辑列、静态数据、规则。
- dataTables 组件：添加列。
- grid 组件：添加列、设置分组、设置多列头。
- popMenu 组件：在设计区域显示或隐藏弹出菜单，增加菜单项和分割线。

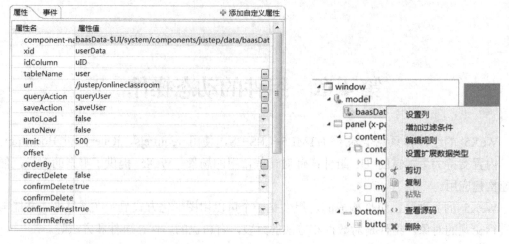

图 4-1 设置组件属性   图 4-2 data 组件的右键菜单表

4.1.2 使用表达式配置

组件的属性值可以分为两种：普通值和表达式。表达式提供了组件属性的动态能力，既简化了代码，又容易设置，是 WeX5 的又一亮点。在表达式中，根据不同的情况，可以使用 $model\$data\$row 等环境变量。

如图 4-3 所示，这里就用到了 list 组件的 filter 过滤条件属性。在"课程分类"页面中，通过 Secondlist（list 组件）绑定数据组件 SecondTypedata（data 数据组件），然后根据数值匹配过滤出"一级分类"下的"二级分类"，实现组件属性的动态能力。之后类似也可以根据 CSS 做出过滤效果，即数值匹配过滤成功，高亮选中的"一级分类"。

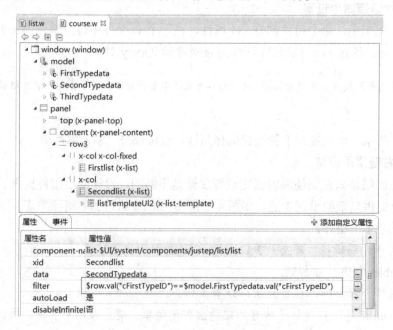

图 4-3 list 组件的 filter 过滤条件

【例 4-1】 用 input 组件输入一行字符串，保存在 data 数据组件中，用 output 组件输出 "你好！"+输入的字符串。

首先新建一个 w 文件，加入三个组件："data 数据组件""input 输入组件"和"output 输出组件"，如图 4-4 所示。

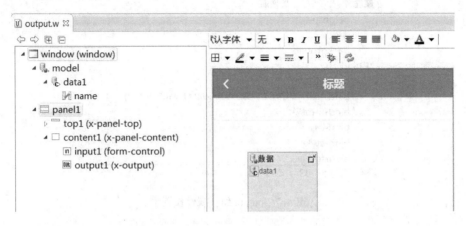

图 4-4　放置组件

在 data 数据组件上右击，在弹出的快捷菜单中单击"编辑列"，然后新建一条数据项，起名为"name"，数据类型为字符串，确认为 ID 列，如图 4-5 所示。

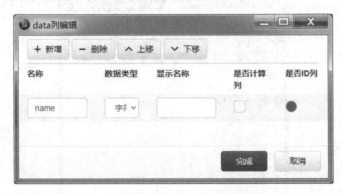

图 4-5　data 数据组件新建数据项

选中 input 数据组件，在它的属性编辑器的 bind-ref 属性中加入如图 4-6 所示的表达式。

图 4-6　input 组件属性设置

选中 output 数据组件，在它的属性编辑器的 bind-text 属性中加入如图 4-7 所示的表达式。

图 4-7　output 组件属性设置

设置好这些后，保存 w 文件，启动 Tomcat 工具调试。在输入框中输入"李明"，对应的输出框就输出"你好！李明"，运行结果如图 4-8 所示。

图 4-8　【例 4-1】运行结果

4.1.3　JS 的引用

JS 的引用主要分为三大部分：符合和不符合 AMD 规范的 JS 文件，以及引用外部的 JS 文件。

1．引用符合 AMD 规范的 JS 文件

1）通过 require('xx')引用符合 AMD 规范的 JS 文件。

AMD1.js 是 UI2 下符合 AMD 规范的一个文件，代码如下。

AMD1.js 文件内容如下：

```
define(function(require){
    return {
        fnOfAMD1: function(){
            alert("hello AMD1");
        }
    };
});
```

importJs.js 中引用 AMD1.js 的代码如下：

```
define(function(require){
    var $ = require("jQuery");
    var justep = require("$UI/system/lib/justep");
    //加载 UI2 下，符合 AMD 规范的文件
    var amd1 = require("./AMD1");
    ...
)};
```

说明：在 importJs 中，通过 var amd1 = require("./AMD1")引用了当前目录下的 AMD1.js 文件，之后可以通过 amd1 调用 AMD1.js 文件返回的方法或变量，如 amd1.fnOfAMD1()//调用 AMD1.js 定义的方法。

2）通过 require(['x1', 'x2'], function(p1, p2){})引用符合 AMD 规范的 JS 文件。

AMD2.js 是 UI2 下一个符合 AMD 规范的 JS 文件，内容如下：

```
define(function(require){
    return {
        fnOfAMD2: function(){
            alert("hello AMD2");
        }
    };
});
```

importJs.js 中引用 AMD2.js 的代码如下：

```
Model.prototype.importInnerBtnClick = function(event){
    //加载 UI2 下，符合 AMD 规范的文件
    var path = "./AMD2";
    require([path], function(m){
        m.fnOfAMD2();
    });
};
```

说明：在 importJs.js 中，通过 require([xxx], function(x){})方式，引用了 AMD2.js 文件，在回调函数中，参数 m 是 AMD2.js 文件返回的对象，在回调函数中，可以通过 m 调用 AMD2.js 中返回的对象上的方法和变量，如 m.fnOfAMD2();。

2．引用不符合 AMD 规范的 JS 文件

对于不符合 AMD 规范的 JS 文件，引用方式与符合 AMD 规范的 JS 文件类似，唯一的区别是不符合规范的 JS 没有返回值，具体引用方式如下。

1）通过 require('xx')引用不符合 AMD 规范的 JS 文件。

noneAMD1.js 是 UI2 下的一个不符合 AMD 规范的 JS 文件，内容如下：

```
function fnOfNoneAMD1(){
    alert("hello noneAMD1");
}
```

importJs.js 中引用 noneAMD1.js 的代码如下：

```
define(function(require){
    var $ = require("jQuery");
    var justep = require("$UI/system/lib/justep");
    //加载 UI2 下，符合 AMD 规范的文件
    var amd1 = require("./AMD1");
    //加载外网，符合 AMD 规范的文件
    var outterAMD1=require("http://localhost:8080/x
      5/UI2/demo/misc/importJs/outterAMD1.js");
    //加载 UI2 下，不符合 AMD 规范的文件
    require("./noneAMD1");
    ...
});
```

说明：如上代码所示，通过 require("./noneAMD1")引用了不符合 AMD 规范的 noneAMD1.js 文件，在 importJs.js 的后续代码中，可以直接访问 noneAMD1.js 中定义的全局函数或变量，如 fnOfNoneAMD1();

2）通过 require(['x1', 'x2'], function(){})引用不符合 AMD 规范的 JS 文件。

noneAMD2.js 是 UI2 下的一个不符合 AMD 规范的 JS 文件，内容如下：

```
function fnOfNoneAMD2(){
    alert("hello noneAMD2");
}     ...
});
```

importJs.js 中引用 noneAMD2.js 的代码如下：

```
Model.prototype.importInnerNoneAMDBtnClick = function(event){
    //加载 UI2 下，不符合 AMD 规范的文件
    var path = "./noneAMD2";
    require([path], function(){
```

```
                fnOfNoneAMD2();
            });
        };
```

说明：在 require([xx], function(){})的回调函数中，可以直接使用被引用的 noneAMD2.js 中定义的全局函数和变量，如 fnOfNoneAMD2();。

3．引用外部的 JS 文件

对于外部的 JS 文件，引用方式和 UI2 下的 JS 文件类似（无论是符合 AMD 规范还是不符合 AMD 规范），唯一的区别是给定的 JS 文件路径必须是"http://"开头的绝对路径，且必须是完整的路径（如果有扩展名，必须带扩展名，如".js"）。

4.1.4 使用 JS 代码修改

组件提供了 set 方法，用来修改组件的属性。在设计器中的属性有些只能在设计时设置，不能在运行时修改，因此 set 方法中能修改哪些属性，还需要看 API 文档中的具体说明。

例如，调整按钮的标签为启用，状态为"不可用"，图标换成 icon-play：

```
this.comp('stateBtn').set({disabled:true,label:"启用",icon:"icon-play"});
```

组件提供了 val 方法，用来获取组件的值。

📖 注意：set 方法可以一次修改多个属性，因此 set 方法中的参数是 json，一定要写大括号。

【例 4-2】 组件 set、val 方法的使用案例。

首先新建一个 w 文件，放入一个"一行三列"的 row 组件，从左到右分别放置 input 组件、output 组件和按钮组件，再加入一个 data 数据组件，如图 4-9 所示。

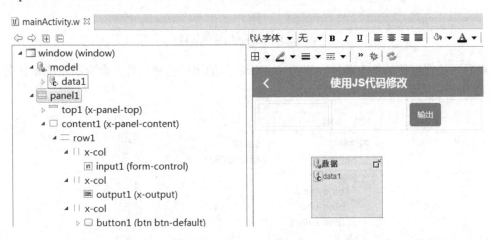

图 4-9 加入组件

然后右击 data 数据组件，编辑列，新增一条 food 数据项，设置为 ID 列，如图 4-10 所示。

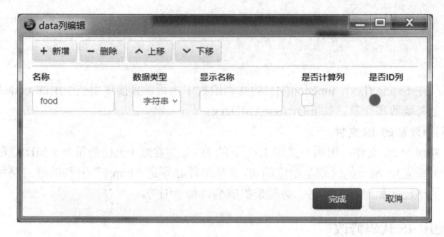

图 4-10　编辑 data 数据组件列

设置完数据项后，需要继续右击该 data 数据组件"编辑数据"，新增一条数据。

选中 output 组件，设置组件的 bind-ref 属性，绑定 data 数据组件的"food"字段，如图 4-11 所示。

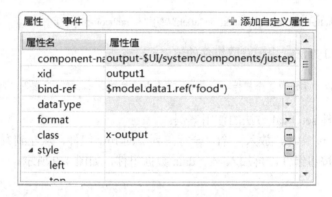

图 4-11　output 组件的属性

最后写按钮组件的单击事件，双击 onClick 后的事件值空白处，会自动生成事件名，如图 4-12 所示。

图 4-12　按钮组件的单击事件

在 JS 文件中写按钮的单击事件：

```
define(function(require){
    var $ = require("jQuery");
    var justep = require("$UI/system/lib/justep");
    var Model = function(){
        this.callParent();
    };
    Model.prototype.button1Click = function(event){
                    var input = this.comp("input1").val();
                    this.comp("data1").setValue("food",input);
    };
    return Model;
});
```

- var input = this.comp("input1").val();这行代码的意思是获取用户在 input 组件中输入的值，然后赋给一个局部变量。
- this.comp("data1").setValue("food",input);这行代码的意思是往创建好的 data1 组件中数据名为 "food" 的数据项中写入局部变量 input 的值，调用的是数据组件的 setValue 赋值 API。

运行结果如图 4-13 所示。

图 4-13 【例 4-2】运行结果

4.2 组件的方法

组件的方法分为两大类：公有方法和私有方法。

组件 JS 类一般是继承自对应的父类（如 ModelComponent、ViewComponent 或

BindComponent），运行时不仅可以调用组件 JS 类上公布的方法，也可以调用组件"父类"的方法。

4.2.1 公有方法

1．获取和设置组件的属性（get 和 set）

组件提供了 set 方法用于修改组件的属性。在前面介绍了 set 方法。set 方法可以一次修改多个属性，因此 set 方法中的参数是 json，一定要写大括号。

组件提供了 get 方法用于获取组件的属性，get 方法一次只获取一个属性的值，所以参数不是 json，是 string，直接传属性名即可。

例如，获取按钮组件的标签：

```
alert (this.comp ('stateBtn').get('label'));
```

2．增加和取消组件的事件（on 和 off）

组件提供了 on 方法用于添加事件处理器，提供了 off 方法用于取消事件处理器。

【例 4-3】 给按钮添加（取消）单击事件。

新建一个 w 文件，添加两个 row 组件，加入两个按钮，如图 4-14 所示。

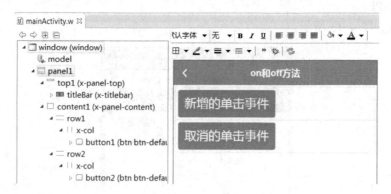

图 4-14　放入组件

写对应的 JS 代码如下：

```
define (function (require){
    var $ = require ("jQuery");
    var justep = require("$UI/system/lib/justep");
    var Model = function(){
        this.callParent ();
    };
    Model.prototype.addEventBtnClick = function (event) {
    alert("新增的单击事件");
    };
    Model.prototype.delEventBtnClick = function (event) {
    this.comp ('button1').off ('onClick', this.clickEventFn, this);
    };
```

80

```
        return Model;
    });
```

运行结果如图 4-15 和图 4-16 所示。

图 4-15 【例 4-3】运行结果 1

图 4-16 【例 4-3】运行结果 2

上面可以增加的事件处理器是组件的 on 开头的事件，如果要增加组件的其他事件，可以使用 jQuery 的 on 方法，例如，给 input 组件增加值改变添加监听事件（oninput 事件）。

```
this.comp ('input1'). $domNode.on ('input', function () {alert (this. Value) ;});
```

其中，this.comp('input1')获得组件的 js 对象，this.comp('input1').$domNode 获得组件的 jQuery 对象。

【例 4-4】 在页面 1，用按钮组件的 onClick 单击事件跳转到页面 2。

本例中，创建两个 w 文件，即 1.w 文件和 2.w 文件。在 1.w 文件放置 row 行组件，中间的一列放入 button 按钮组件，如图 4-17 所示。

图 4-17 放置组件

选中放置好的按钮组件，在组件事件编辑器中写它的 onClick 单击事件，如图 4-18 所示。

图 4-18　按钮组件的 onClick 事件

只要双击对应"事件名称"后的对应"事件值"空白处，就可以跳转到 JS 设计界面，编写事件函数。

```
define (function (require) {
    var $ = require ("jQuery");
    var justep = require ("$UI/system/lib/justep");
    var Model = function () {
        this.callParent ();
    };
    Model.prototype.button1Click = function (event) {
    var url = require.toUrl(require.toUrl("$UI/button/2.w"));
    //将相对路径转换为绝对路径
    justep.Shell.showPage (url);
    //调用 shell 打开页面
    };
    return Model;
});
```

接下来在 2.w 文件插入一个"image"图片组件，标识一下跳转的目标文件，如图 4-19 所示。

图 4-19　2.w 文件

设置 image 组件的属性值，在 src 属性中写入图片的相对路径，如图 4-20 所示。

图 4-20　image 组件的 src 属性

运行效果如图 4-21 和图 4-22 所示。

图 4-21　【例 4-4】运行结果 1　　　　　　　　图 4-22　【例 4-4】运行结果 2

4.2.2　私有方法

组件提供了很多方法，用于更灵活地使用它。在这些方法中，必须掌握的是 data 组件的方法，因为 WeX5 的组件是数据感知组件，只需针对数据进行编程即可。

data 组件的常用方法（bizData 组件继承自 data 组件，因此方法相同）如下。

● 新增、删除行及保存数据：newData /deleteData /saveData。

● 对列取值赋值：getValue /setValue/。

- 设置过滤条件及刷新数据：setFilter/ refreshData。
- 遍历数据及数据查找：each find。
- 获取所有列名：getColumnIDs。
- 获取当前行：getCurrentRow。
- 聚合函数：sum avg count max min。

其他组件的常用方法如下。

- 打开弹出窗口：使用 widowDialog 组件 open 方法。
- 弹出菜单：使用 popMenu 组件 show 方法。
- 显示流程图：使用 process 组件 showChart 方法。
- 聚合函数：sum avg count max min。

例如：newData()方法，创建新用户。使用 newData()方法给绑定的数据表各个数据项赋值。

```
userData.newData({
                    "defaultValues" : [ {
                            "uID" : justep.UUID.createUUID(),
                            "uaccount" : accountinput,
                            "upassword" : passwordinput,
                            "usex" : ""
                    } ]
});
```

setValue()方法，用来获取输入组件的值。setValue()有两个参数，第一个参数是数据表中数据项的名称，第二个参数是需要写入的数值。

```
userData.setValue("uname",inname);
    userData.setValue("usex",insex);
    userData.setValue("ubirthday",inbirthday);
    userData.setValue("uprofession",inprofession);
    userData.setValue("ueduback",ineduback);
```

setFilter()方法，过滤数据组件。setFilter()方法有两个参数，第一个参数是过滤方法名称，第二个参数是过滤数据项的条件。

```
userData.setFilter("accountfilter", "uaccount='" + accountinput+ "'");
```

4.3 组件的样式

WeX5 基于 Bootstrap 样式，Bootstrap 是基于 HTML、CSS、JavaScript 的，它简洁灵活，使得 Web 开发更加快捷。它由 Twitter 的设计师 Mark Otto 和 Jacob Thornton 合作开发，是一个 CSS/HTML 框架。Bootstrap 提供了优雅的 HTML 和 CSS 规范，它是由动态 CSS 语言 Less 写成。Bootstrap 一经推出后颇受欢迎，一直是 GitHub 上的热门开源项目，包括 NASA 的 MSNBC（微软全国广播公司）的 Breaking News 都使用了该项目。Bootstrap 样式

如图 4-23 所示，同时又定义了一些新的样式，它们的区别如下。

● x-开头的样式是 X5 定义的样式。
● 其他开头的样式是 Bootstrap 原生样式。

图 4-23　组件的样式选择

【例 4-5】　按钮组件的各种样式。

新建一个 style.w 文件，插入 3 个 3 列的 "row" 组件，再插入 9 个 button 按钮组件。通过这个案例来学习一下按钮的多种样式效果，如图 4-24 所示。

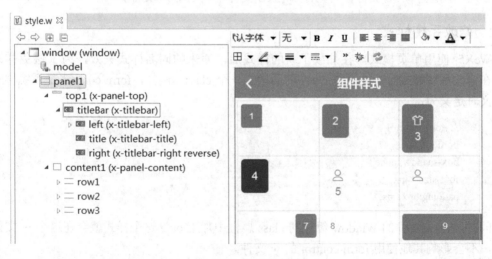

图 4-24　按钮的样式

单击按钮组件的 class 属性下拉框，弹出如图 4-23 所示的样式选择对话框。

在其中为 9 个按钮组件选择相应的样式，运行结果如图 4-25 所示。

图 4-25　9 种按钮样式

4.3.1　自定义组件样式

如果系统提供的样式不满足需要，例如，希望按钮的底色是浅绿色，那么可以通过自定义组件的样式来实现。样式要定义在 CSS 文件中，如果定义的是只有当前 w 文件才使用的样式，可以定义在设计器的 CSS 页签中，这样系统会自动创建与当前 w 文件同名的 CSS 文件，并自动引用。如果定义的是公共样式，应该新建一个 CSS 文件，在这个文件中定义，在需要此样式的 w 文件中引用这个 CSS 文件。

自定义组件样式有以下几种方式。

1）在 CSS 文件中定义新的类（class）。

2）在组件的 class 属性中输入新定义的 class 名称。

3）如果定义在同名 CSS 文件（例如，当前是 mainAcitivity.w，样式定义在 mainAcitivity.css）中，不用引用这个 CSS 文件，否则需要在 JS 文件中引用 CSS 文件。

4.3.2　修改系统样式

WeX5 使用单页模式，在加载了新的样式后，原来的同名样式失效，为了避免样式覆盖，在修改系统样式时，在系统 class 前面增加一个 class，例如，form-control 是系统样式，重定义时定义为：

```
.oa .form-control {
  border: none;
  box-shadow: none;
  font-size:14px;
  padding:8px 0px;}
```

同时，在 w 文件的 Window 组件的 class 属性中加上 oa，这个样式就会在这个 w 文件上生效，不会影响其他使用 form-control 的 w 文件。

4.3.3　引用 CSS 文件

样式如果定义在设计器的 CSS 页里面，那么这个 w 文件不用引用这个 CSS 文件，系统会自动引用。其他情况需要引用 CSS 文件，可以文件中引用，也可以在 w 文件中引用，如

图 4-26 所示。

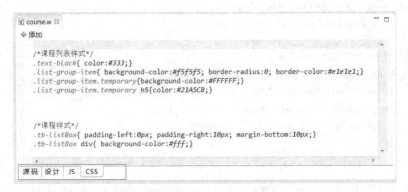

图 4-26 定义在设计器的 CSS 页面

1．在 JS 文件中引用 CSS 文件

在 JS 文件中，用下面第 4 行的写法引用 CSS 文件，下面引用了/UI2/OA/config/pub.css
文件。

```
define(function(require) {
  var $ = require("jQuery");
  var justep = require("$UI/system/lib/justep");
  require("css!$UI/OA/config/pub").load();
```

2．在 w 文件中引用 CSS 文件

在 Window 组件上右击，选择增加 CSS 引用，在目录中选择要引用的 CSS 文件即可，
如图 4-27 所示。引用的代码写在 w 文件中，不写在 JS 文件中。

图 4-27　在 w 文件中引用 CSS 文件

4.3.4　引用 Text 文件

在 WeX5 中，如果想下载服务端文本，也是通过 require 机制实现的。例如：

```
//加载 UI2 下的 text 文件
var innerText1 = require("text!./innerText1.txt");
var Model = function(){
    this.callParent ();
```

```
    };
    Model.prototype.modelLoad = function (event) {
        alert ("innerText1 content: " + innerText1);
    };
    //动态加载 UI2 下的 text 文件
    Model.prototype.innerTextBtnClick = function (event) {
        var path = "text!./innerText2.txt";
        require ([path], function(content){
            alert ("innerText2 content: "  + content);
        });
    };
```

WeX5 中引用服务端的 Text 文件时是通过 require('text!xx')或 require(['text!xx'], function(p){})
实现的。引用 Text 的路径支持：

1）以"./"或"../"开头的相对路径（相对于当前 js 文件所在的路径），必须带扩展名。

2）以"$UI/"开头的绝对路径（$UI 表示 UI2 目录），必须带扩展名。

📖 注意：不支持加载跨域的文件。

4.4　组件的事件和操作

每个组件都有其自己的事件及操作。将组件的常用方法和图标 icon、标题 label 组合为
操作，在组件的单击事件中关联操作，就减少了写 js 代码调用组件方法的工作量，同时操作
中的 icon 和 label 也会应用到组件上。例如，在按钮的单击事件 onClick 中选择 data 组件的
保存操作，按钮将会使用保存操作设置的 icon 和 label，省去了选择 icon 和设置 label 的步
骤，从而保证了系统的风格统一，如图 4-28 所示。

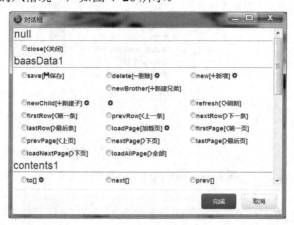

图 4-28　组件的操作

4.4.1　on 开头的事件（回调型事件）

1. 添加组件事件

添加 data 组件的 onDataChange 事件，选中 data 组件，将属性编辑器切换到事件编辑

器，找到 onDataChange 事件，在右侧事件值的空白区域双击。此时，在 w 文件中的 data 组件上增加了一个事件属性：onDataChange="mainDataChange"；在 js 文件中相应增加了这个方法 mainDataChange，同时跳转到 JS 开发界面。

2．使用事件方法中的 event 参数

组件事件提供了 event 参数，它是一个 json 对象，其中包含在这个事件中需要用到的参数信息。

在事件方法中使用 event 参数：

```
Model.prototype.mainDataValueChange = function (event) {
        alert('新值是'+event.newValue);
        alert('原值是'+event.oldValue);
        event.newValue = "";
    //新值不合法，清空输入
};
```

event 参数里面的三个常用的参数如下。

- event.source：组件的 JS 对象。
- event.bindingContext：组件绑定的上下文，包含$model、$object 等。
- event.cancel：可修改，设置为 true 后中断当前动作。

on 开头的事件是组件特意提供的事件，在触发和执行效率方面优于标准的 dom 事件。在操作组件和调用组件的方法时，会触发相关事件。还特别提供了在 onClick 事件中绑定组件的操作，从而减少代码量。

比如 data 数据组件的 onDataChange 事件，如图 4-29 所示，是在发现该数据组件绑定的数据变化时调用的事件，通常在这里写刷新数据组件的 JS 代码：

```
this.comp ("Data1").refreshData ();
```

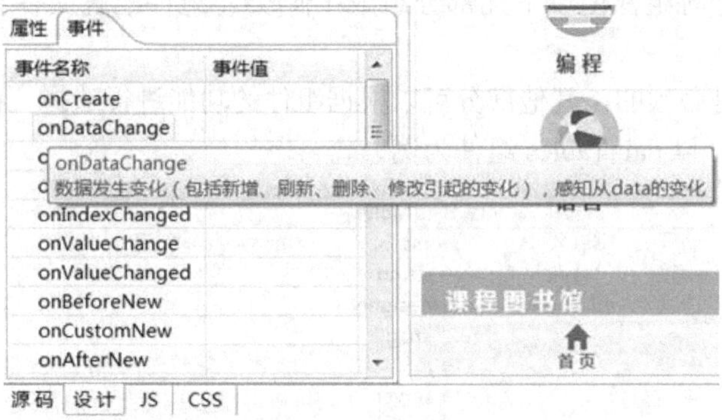

图 4-29　data 数据组件的 onDataChange 事件

4.4.2　bind 开头的事件（标准的 dom 事件）

在 WeX5 中有很多组件都有 bind 类的事件，如 list 组件的 bind-click 事件。

- 标准事件，可向上冒泡。

● 使用 event.currentTarget 获取组件的 jQuery 对象。

在 list 组件的单击事件中获取当前行的方法如下。

1）list 组件的单击事件中获取当前行对象的方法是：event.bindingContext. $object。

2）获取这行数据的某个列的值可以是 event.bindingContext. $object.val("fName");。

3）修改当前行某个列的值，可以是 event.bindingContext. $object.val("fName", "张三");。

4.5　自定义组件

WeX5 框架在给开发者提供了大量组件的同时，也给开发者提供了自定义组件的方法，如图 4-30 和图 4-31 所示。

图 4-30　组件库 1　　　　　　　　　　　图 4-31　组件库 2

一个完成的运行时组件由以下几部分组成：js 类、组件配置文件和服务端模块处理类（java）。

其中只有 js 类是必须的，其他部分可以根据组件的功能进行选择，在目录树上展现的结构图如图 4-32 所示（以 dataTables 组件为例）。

图 4-32　dataTables 组件定义文件

以 dataTables 组件为例来说明各个目录的作用如下。

- css 目录用来存放组件所定义的样式文件。
- images 目录用于存放组件所依赖的图片资源。
- designer 目录用于存放设计时组件的相关文件。
- server 目录用于存放服务端模块处理的相关 java 类文件。
- .js.xdoc 文件用于存放组件 api 的说明文档。

4.5.1 创建组件文件

下面以$UI/system/components/justep/button 组件为例，讲解一个组件的开发过程。

组件 xml 描述，这个描述就是在 w 中创建一个 button 组件后的描述：

```
<a component="$UI/system/components/justep/button/button"
    class="btn btn-default"
    label="button">
    <i/><span></span>
</a>
```

创建 UI2/system/components/justep/button 目录。

📖 说明：组件可以创建在 UI2 的任意目录下。

4.5.2 创建组件配置文件

创建组件配置文件的步骤：首先，在 UI2/system/components/justep/button 目录下创建 button.config.js 文件，文件名通常情况下与组件类的文件同名，扩展名为 ".config"。

.js 文件内容如下：

```
define (function(require){
  return {
    properties: {
      label: "string",
      icon: "string",
      target: "string",
      disabled: "boolean"
    },
    events:["onClick"],
    binds :{}
  };
});
</pre>
```

下面对组件配置文件的 JS 文件进行说明。

1）properties 指定组件属性的数据类型，格式为 属性名:"数据类型"。

2）events 枚举组件事件。

3）binds 指定这些属性 w 编译时转换成 ko 的绑定属性，格式为：组件属性:"对应 ko 的属性"，该配置在当前组件中没有用到，所以为空，不为空的可参考 input 组件，路径为 /UI2/system/components/justep/input/input.config.js。

4.5.3 创建组件 JS 类

创建 button 组件的 JS 类。在 UI2/system/components/justep/button 目录下创建 button.js 组件的代码结构如下：

```
define (function (require) {
//加载公共资源
require ("$UI/system/components/justep/common/res");
//引入 jQuery
var $ = require ("jQuery");
//引入 justep 工具类
var justep = require("$UI/system/lib/justep");
//相对路径转换为绝对路径
var url = require.normalizeName("./button");
//加载组件配置文件
var ComponentConfig = require("./button.config");
//引入 css 文件
require ('css!./css/button').load ();
var Button = justep.BindComponent.extend({
//构造函数
constructor: function(options) {
//调用父类的构造方法
this.callParent (options);
//属性初始化默认值，这里对应组件配置文件中注册的属性，
必须赋给一个默认值，否则在调 set 方法给属性赋值的时候不起作用
this.opDisabled = false;
this.icon = '';
this.label = '';
this.target = '';
this.opIcon = '';
this.opLabel = '';
this.isImgIcon = false;
this.imgIcon = [ '', '' ];//分别表示可用和不可用
},
//获取组件配置文件
getConfig: function() {
return ComponentConfig;
},
//组件销毁时调用的方法，可以接管加入自定义的处理，
例如事件解除绑定，dom 节点与对象直接解绑等
```

```
dispose: function() {
this. $domNode.off ('touchstart');
this. $domNode.off ('click', $.proxy (this._doClick, this));
this._unBindTargetEvent (this.target);
this.callParent ();
},
//构建模板，方法在通过 new 的方式来动态创建组件对象的时候回调用
buildTemplate: function(config) {
},
//初始化时调用的方法
doInit: function(value, bindingContext) {
this. DomNode.on ('click', $.proxy (this._doClick, this));
if (this.target) {
this._bindTargetEvent (this.target);
}
},
//属性发生改变是触发的方法，主要是处理一些根据属性值更新界面的操作
propertyChangedHandler : function(key/*属性名*/, oldVal/*旧值*/, value/*新值*/) {
switch (key) {
case "label":
case "opLabel":
if (oldVal != value && this.$domNode)
this._getLabelNode ().text (this.label || this.opLabel);
break;
default:
this.callParent (key, oldVal, value);
}
}
//更多......
});
//注册组件
justep.Component.register (url, Button);
//返回组件类
return Button;
});
```

4.5.4　修改组件

WeX5 框架提供给用户修改组件的权利，用户可以根据自己的实际需求，对组件进行自定义修改。修改组件的具体步骤如下。

1）修改系统源码。注意，为了方便版本的升级，请使用扩展空间的机制：http://docs.WeX5.com/WeX5-studio-question-list-2016。

2）先屏蔽或移除合并资源，根据当前组件 JS 的路径，搜一下，找到对应的合并 JS 文件：*.min.js。

3）例如，修改/UI2/system/components/justep/attachment/attachmentSimple.js，可以先选中目录/UI2/system，然后按〈Ctrl + H〉键，如图 4-33 所示。

图 4-33　搜索组件

4）屏蔽或移除合并资源/UI2/system/components/comp2.min.js。

5）这个时候运行功能，使用到这个组件的代码，就不会去执行合并资源中的 JS 了，编辑修改当前 JS 文件，修改测试运行成功后，再重新合并生成合并资源。

6）生成合并资源，执行批处理：\tools\dist\dist.bat（如果修改的是系统 css 文件，需要先执行\tools\dist\less.bat，再执行\tools\dist\dist.bat）。

📖 修改过的资源，一定要放在扩展空间里面，方便版本升级。版本升级时，可以把扩展空间中的资源覆盖在新版本对应的目录下，重新执行资源合并\tools\dist\dist.bat。

4.6　组件的调试

使用 Chrome 浏览器的开发人员工具（按〈F12〉键）进行调试，WeX5 开发框架支持开发者边开发、边用浏览器调试。

4.6.1　调试样式

点击放大镜图标，在页面上单击要查看样式的组件，Elements 页中显示出了这个组件的 html 代码，Styles 里面显示出了这个组件的样式，在这里修改即可直接看到效果。调整到满意后，写入 css 文件，如图 4-34 所示。

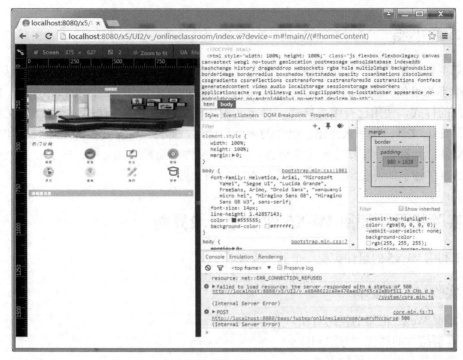

图 4-34　调试样式

4.6.2　调试 JS 代码

在组件的事件中增加 debugger;，刷新页面后，触发这个事件，就会停在 debugger;上，此时，可以在 Watch Expressions 中查看变量的值，也可以在 Console 里面输入变量后按〈Enter〉键，查看变量的值。

具体调试情况如图 4-35 所示。

图 4-35　调试 JS 代码

4.7　本章小结

本章主要讲述了组件的动态操作。首先，介绍了组件的属性使用，组件的属性以及通过 JS 代码来获取和写入组件的属性值；其次介绍了组件的方法，公有方法和私有方法；然后介绍了组件的样式，使用已有组件样式，自定义组件样式，如何在文件中引入 CSS 文件、样式文件、Text 文件；接下来介绍了组件的事件和操作，如何给一个组件添加事件，如何写一个组件事件；紧接着介绍如何自定义组件，在组件文件中配置组件文件、JS 类，如何修改组件；最后，讲述了如何在浏览器中调试自己的组件样式。

4.8　实验指导：使用 WeX5 做一个登录界面

本节利用 WeX5 的组件实现一个登录界面。

4.8.1　实验目的和要求

1）掌握 WeX5 框架的使用方法。

2）理解组件的属性、方法和样式。

3）掌握获取组件数值的方法。

4）掌握组件的事件定义及编写。

4.8.2　使用 WeX5 开发一个登录界面

1．任务描述

在 UI2 目录生成的软件应用名，新建一个 w 文件项目来实现登录界面的开发。

2．任务要求

1）根据所学组件的属性知识，使用 JS 代码获取组件的数据。

2）通过 input 输入组件的放置，完成 button 按钮组件的放置，以及按钮组件的单击事件。

3．知识点提示

本任务主要用到以下知识点。

1）WeX5 组件的属性、方法和样式。

2）使用 JS 代码获取组件的数据信息。

3）按钮组件的单击事件。

4．操作步骤提示

实现方式不限，在此简单提示一下操作步骤。

1）在 UI2 目录上右击，在弹出的快捷菜单中单击“新建”，创建应用文件，创建 w 文件。

2）在 w 文件中根据自己的需要放置组件，设置组件的样式。

3）放置标签组件、输入组件和按钮组件。

4）编写按钮的单击事件，获取输入组件的值，比对判断是否可以登录。

5）启动 Tomcat，用浏览器调试，最后打包。

4.9 习题

一、选择题

1. 在 WeX5 框架中，一个 w 文件中每个组件的（　　）有且仅能有一个，不能重复。通过它可以获取组件的（　　）对象和 jQuery 对象。

  A．xid、dom   B．id、dom   C．xid、js   D．id、js

2. 如果单击一个按钮，能够在屏幕显示一段纯文本文字。这里用到了（　　）事件和（　　）方法。

  A．onClick、showPage   B．onClick、alert

  C．bind-click、showPage   D．bind-click、alert

3. 单击按钮组件的（　　）属性下拉框，可以调整按钮组件上图标与文字的位置关系。

  A．class   B．text   C．icon   D．bind-text

二、填空题

1. 设计时属性值可以分为_____和_____，丰富了组件属性的动态能力，即简化了代码，也容易设置，是 WeX5 的一大亮点。

2. 组件提供了_____方法用于修改组件的属性，组件提供了_____方法用于获取组件的属性。

3. 在 WeX5 中，通过使用 data 组件的_____、_____、_____方法来新增、删除和保存 data 数据组件中的数据。

4. 样式要定义在_____文件中，如果定义的是只有当前 w 文件才使用的样式，可以定义在设计器的_____中，这样系统会自动创建与当前 w 文件同名的样式文件，并自动引用。

5. 在组件的事件中，以 on 开头的事件又叫作_____事件，以 bind 开头的事件又叫作_____事件。

三、概念题

1. 什么是 WeX5 的组件？

2. 简要叙述如何自定义组件的样式。

第 5 章　数据库操作

数据库操作是指对数据库中的数据进行的一系列操作，包括新增数据、保存数据、查找数据、修改数据、删除数据等。WeX5 主要通过数据组件来实现对数据的增加、保存、查找、修改、删除，本章会通过介绍数据组件的相关 API 和相关事件来详细介绍 WeX5 中常用的数据库操作。

本章示例使用 userData 数据表，userData 数据表属性如图 5-1 所示，userData 数据表的数据如图 5-2 所示。

图 5-1　userData 数据表属性

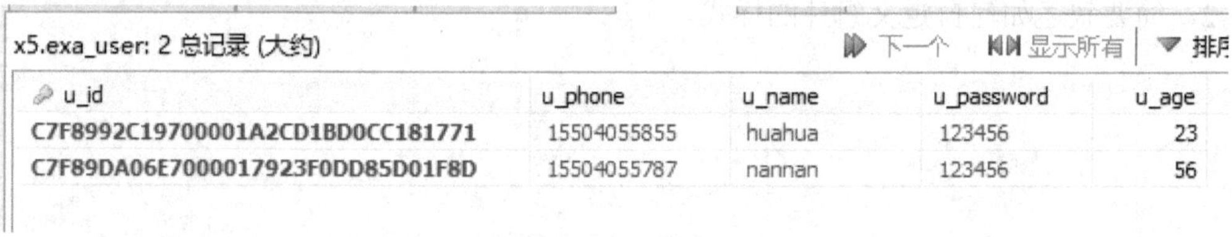

图 5-2　userData 数据表的数据

5.1　数据库组件

数据组件是后台数据库表在前端的一个映射，前后端开发人员只要预定好数据组件的内容，就可以简单实现前后端开发的分离，数据组件能够存储页面中的数据。数据组件是前端模型（model）上的数据核心，xid 是数据组件的唯一标识，数据组件上还有一个重要的属性

idColumn，用来指定 Data 数据中行 ID 的表示列。

5.1.1 初始化加载状态

Data 组件上有两个关于初始化加载状态的属性：autoLoad、autoNew，表示当功能页面打开后 data 组件的状态。这两个属性是互斥的，以下是两个属性的状态值。

1）当 autoLoad=true 时，Data 组件在 model 的 onModelConstructing 时执行 open 操作。

2）当 autoNew=true 时，Data 组件在 model 的 onModelConstructing 时执行 newData 操作。

📖 data 定义的静态数据需要 autoLoad=true 才进行加载，否则需要主动调用 open 方法加载。

5.1.2 行对象和游标

1．数据组件的行对象

数据组件上的数据是二维表结构，即行列结构。首先 Data 组件的数据存放在 Data.datas 上，Data.datas 是可观察的数组（这里把它理解成简单的数组），数组上的每一个项就是行，也就是数据组件的行对象。通过行上扩展父（parent）和子（children），很轻松就扩展出了树（Tree）型数据结构。行对象常用 API 如表 5-1 所示。

表 5-1 行对象常用 API

函数	说明
row.ref(col)	获取对应列的可观察数据对象，主要使用在感知组件的 bind-ref
row.val(col)	获取对应列的值，等价于 Data.getValue(col,row)
row.label(col)	获取对应列的显示名
row.index()	获取行的索引号
row.parent()	获取行的父
row.children()	获取行的子

2．数据组件的游标

数据组件的游标指的就是 Data 组件的当前行，即 Data.currentRow，所有 API 和组件数据引用在没有显示指定行参数时使用的都是当前游标行。数据组件游标常用的 API 如表 5-2 所示。

表 5-2 数据组件游标常用的 API

函数	说明
Data.getCurrentRow()	获取当前行
Data.to(row)	获取对应列的值，等价于 Data.getValue(col,row)
Data.first()	游标到首行
Data.last()	游标到末尾行
Data.next()	游标到下一行
Data.pre()	游标到前一行

```
var data = this.comp('userData');
data.first();    //获取用户表的第一行数据
data.next();
data.getCurrentRow();
data.val('u_name');
```

以上代码是使用用户表，用户表的属性分别是"u_id""u_phone""u_name" "u_password""u_age"。以上代码进行的操作是，获取用户表的第一行，用户表移动到下一行，获取当前行数据，取数据列"u_name"的值，得到的值为"nannan"。

5.1.3　数据遍历方式

数据组件的数据遍历方式有两种，一种是使用游标滚动方式，另一种是使用 Data.each() 函数。下面详细介绍这两种方式。

1．游标滚动方式

这种方式由于刺激了当前行的变化，所有绑定当前行的数据感知组件都会进行变化渲染。游标滚动方式相关 API 如表 5-3 所示。

表 5-3　游标滚动常用的 API

函数	说明
Data.getFirstRow()	获取第一行
Data.getLastRow()	获取最后一行
Data.next()	游标移动到下一行
Data.pre()	游标移动到上一行
Data.first()	游标移动到第一行
Data.last()	游标移动到最后一行
Data.to(row)	游标移动到指定行

2．Data.each(callback)遍历方式

这种方式不刺激游标变化，不刺激感知组件更新，性能比游标方式高很多。Data.each (callback)函数的参数 callback 是遍历的回调函数，执行时给定的 this 是行对象。Data 组件上还提供了一个函数 eachAll，这个函数主要用于遍历从 Data 所有数据。在主从情况下，从 Data 上使用 each 遍历数据行，只能遍历到和当前主数据相关的从数据行。callback 函数的定义如下：

```
callback = function(param){
param.data;
param.row;
param.index;
param.cancel;
}
```

函数各参数含义如下。

- param.data: 遍历的 data 对象。
- param.row: 遍历到的行对象。
- param.index: 行的索引。
- param.cancel: 是否结束遍历，当修改 cancel 为 true 时结束遍历。

【例 5-1】 全数据 each 遍历。

```
//userData 用户表的属性"u_name"的值有 huahua,nannan
var data = this.comp('userData');
//定义变量 names 为字符串变量
var names = [];
//回调函数，执行回调函数
data.each(function(param){
//字符串将数据组件属性"u_name"的值全部输出
  names.push(param.row.val('u_name'));
});
alert(names);
```

运行结果如图 5-3 所示。

图 5-3　each 遍历结果

5.1.4 聚合运算

Data 组件上提供了常用的统计函数，count、sum、avg、min、max 这些函数都是基于前端 data 数据的，没有加载到前端 data 中的数据不包括在计算中。这些函数的使用都很简单，所有函数上都有一个 filterCallback 参数，可以传入过滤数据的回调方法，参数 filterCallback 需要返回 boolean，为 true 时行有效，回调函数给出参数 event，当没有给出 filterCallback 参数时统计 data 的全部数据。

📖 返回的数值精度受 js 的行数精度影响。

【例 5-2】 统计 userData 的行数。

```
//js 代码
//userData 数据库共有两条数据
var count = this.comp('userData').count();    //统计 userData 组件的行数
  alert("userData 共有"+count+"数据");
```

用 count()方法获取用户表的行数，并用 alert 警告弹出框弹出行数，运行结果如图 5-4 所示。

图 5-4　统计 userData 的行数

【例 5-3】 userData 年龄总和。

```
//list 组件绑定 userData，li 下添加 output 组件，关联 userData 属性 u_age，输出数据表的每一个年龄
<div component="$UI/system/components/justep/list/list" class="x-list"
     xid="list2" data="userData">
  <ul class="x-list-template" xid="listTemplateUl2">
    <li xid="li2">
      <div component="$UI/system/components/justep/output/output" class="x-output"
        xid="output2" bind-ref="ref(&quot;u_age&quot;)"/>
      </li>
  </ul>
```

```
</div>
//用 output 组件输出年龄的总和
<div component="$UI/system/components/justep/output/output" class="x-output"
        xid="output1"/>
//js 代码
//统计 userData 中年龄 u_age 合计
var sum = this.comp('userData').sum('u_age');
this.getElementByXid("output1").innerHTML="userData 数据表中年龄的总和为："+sum;
```

运行结果如图 5-5 所示。

图 5-5　userData 年龄总和

除了上面讲述的前端统计函数，Data 组件也支持由后端提供统计结果，通过 Data 组件刷新时返回后端统计结果，统计值使用 userdata 方式返回。Data 组件还提供了 Data.get AggregateValue(name)获取后端返回统计值，name 为统计值定义的名称。

5.1.5　数据状态

Data 组件的数据状态包括 data 状态、Row 状态、Cell 状态，下面简单介绍这三种状态。

1．data 状态

Data 数据是否加载数据，通过 Data.isLoaded()获取。这个状态在 Data.refreshData、Data.newData 等加载数据 API 执行后状态变更成 true。

2．Row 状态

行数据状态包含 Data.STATE.NEW、Data.STATE.DELETE、Data.STATE.EDIT、Data.STATE.NONE。数据新增、删除、修改后行状态变更，然后在执行 Data.saveData 后通过

Data.ApplyUpdates()更新行状态为 Data.STATE.NONE。

3．Cell 状态

列上的修改状态，当数据修改后列状态变更为 true，同 Row 的状态逻辑 Data.saveData 变更为 false。

5.2 增加数据

数据新增是向数据库添加一条或多条数据，需要通过数据组件来实现数据新增。下面通过相关的 API 和相关事件来介绍如何新增数据。

1．相关 API

1）Data.newData(option);：后端新增，返回一行或者多行新增数据。

```
userData.newData({
index : 0,
defaultValues : [ {
"sid" :  justep.UUID.createUUID(),
"loginname" :"真是美好啊",
"real_name" : "张三"
} ]


});
```

- "index" : integer，新增数据的位置，默认新增到最后。
- "defaultValues" : array，新增行的默认值数组，数组的长度决定新增行数，数组中的对象是列的默认值。

```
defaultValues 格式:
    [
        {列名:默认值,...},
        {列名:默认值,...},
        ...
    ]
```

2）Data.add(defaultValues,parent);：前端新增一行数据，状态需要开发者设定，参数 defaultValues 的含义同上；不会触发 data 相关事件。

```
Model.prototype.myAdd = function(event) {
        var data = this.data1;
        data.add({
            name : 'God Usopu',
            height : 180,
             weight : 70
    });
```

数据组件 data1 的属性有 name、height、weight，用 add()方法新增一条数据，给三个属性赋值。

2．相关事件

1）onBeforeNew(event);：新增前，可以通过 event.cancel=true 终止新增动作。

2）onCustomNew(event);：业务数据新增接管，完全接管新增动作，需要接管此事件完成数据的 newData 逻辑。

```
Model.prototype.masterDataCustomNew = function(event){
  $.ajax({
    type: "GET",                      //类型
    url: require.toUrl('./new.json'),  //数据 json 文件的路径
    dataType: 'json',                 //数据类型
    async: false,                     //异步操作
    cache: false,
    success: function(data){          //成功回调函数
      event.data = data;
    },
    error: function(){                //失败回调函数
      throw justep.Error.create("新增数据失败");
    }
  });
};
```

● cancel：可修改，设置为 true 后中断当前新增动作。

● error: function(){}：失败回调函数。

● success: function(data){}：成功回调函数。

3）onAfterNew(event);：业务数据新增后会触发该事件。

4）onDataChange(event);：Data 数据状态变化事件，新增后会触发该事件。

【例 5-4】 用户数据新增。

```
Model.prototype.button8Click = function(event){
var userData=this.comp("userData");
//新增数据
userData.newData({
"defaultValues" : [{
"u_id" : justep.UUID.createUUID(),
"u_phone" : this.comp("input1").val(),      //手机号
"u_password" : this.comp("pswInput1").val(),  //密码
"u_name":this.comp("input2").val(),          //昵称
"u_age" : this.comp("input3").val(),         //年龄
}]
});
userData.saveData();
//用 3 个 output 组件分别输出新增的手机号、昵称、年龄
```

```
this.getElementByXid("output1").innerHTML=this.comp("input1").val();
this.getElementByXid("output2").innerHTML=this.comp("input2").val();
this.getElementByXid("output3").innerHTML=this.comp("input3").val();
};
```

新增数据之前界面如图 5-6 所示，新增数据之后界面如图 5-7 所示，userData 数据表新增之后如图 5-8 所示。

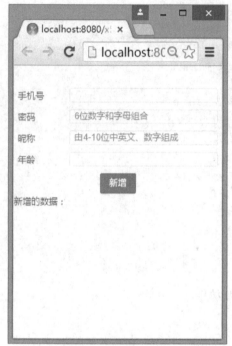

图 5-6 新增数据之前界面

图 5-7 新增数据之后界面

图 5-8 userData 数据新增结果

5.3 保存数据

数据在新增、修改在之后需要对数据进行保存，将数据写入数据库中。数据保存需要借助数据组件来执行相关操作。

1．Data 组件数据保存 API

Data.saveData(option);：业务数据保存方法，向后端提交修改的数据，包括从 Data 数据。

2．Data 组件数据保存事件

1）onBeforeSave(event);：业务数据保存前，事件在批事务启动后触发。

2）onCustomSave(event);：业务数据保存接管，完全接管保存动作。

```
//接管保存逻辑，这里将修改的数据送到服务端 save.j，保存为 save.json 文件
Model.prototype.masterDataCustomSave = function(event){
  var masterData = event.source;
  $.ajax({
    type: "POST",
    url: require.toUrl('./save.j'),
    contentType: 'Application/json',
    async: false,
    cache: false,
    data: JSON.stringify(masterData.toJson(true)),//序列化 data 修改的数据
    success: function(data){
      masterData.ApplyUpdates();//更新数据状态
    },
    error: function(){
      throw justep.Error.create("保存数据失败");
    }
  });
};
```

3）onAfterSave(event);：业务数据保存后，事件在批事务启动后触发。

5.4 查询和修改数据

数据查询需要对数据库已存在的数据进行相关数据操作，数据修改是对数据库已存在的数据按照一定的规则进行修改。下面通过相关的 API 和相关事件详细介绍数据查询和修改。

5.4.1 查询数据相关 API

查询数据包括如下命令。

1）Data.getValue(col,row);

2）Row.val(col);

【例 5-5】 查找 u_name 中包含 "N" 或者 "n" 的数据。

```
var row=this.comp("userData").find(['u_name'], ['n'],false,true,true);
if(row.length>0){
  alert(row[0].val('u_name'));
}else{
  alert("没有匹配的数据！");
```

```
        }
```

由于上一个例子增加一条数据，所以 userData 数据库当下有三条数据，这三条数据的"u_name"属性的值分别为 huahua、nannan、tytyty，这个例子是查找 u_name 中包含"N"或者"n"的数据，用到 find()事件，数据组件提供了 find 函数来支持数据查找。find 函数参数如下。

- cols：列名列表。
- values：值列表。
- first：是否只是返回第一条，即查找到第一条符合条件的数据就返回，默认值为 false。
- caseInsensitive：匹配时忽略大小写，默认值为 false。
- partialKey：模糊匹配，即数据中包含需要匹配字符就算匹配成功，默认值为 false。
- all：data 所有数据查找，当 all==false 只查找和主数据关联的行数据，all 的默认值为 false。

运行结果如图 5-9 所示。

图 5-9　userData 查找数据结果

5.4.2　修改数据相关 API

修改数据包括如下命令。

1）Data.setValue(col,value,row);

- col：列名。
- value：列名值。
- row：行名。

2）Row.val(col,value);

【例5-6】 用户信息表数据修改。

```
//userData 是用户信息表，"u_name"是用户的昵称，"u_age"是用户的年龄
var userData=this.comp('userData');
var row=event.bindingContext.$object;
if(row.val("u_name")=="huahua"){
userData.setValue('u_name','张三');    //用户昵称修改为张三
row.val('u_age',23);
userData.saveData({"async":true});
```

对于数据表的三条数据，只有当数据的"u_name"是"huahua"时，才会将数据的
"u_name"的值改为"张三"，"u_age"改为 23，并且修改之后使用 saveData 方法异步保
存，可以直接在页面中看到数据改变的结果。

数据修改前如图 5-10 所示，数据修改后如图 5-11 所示。

图 5-10　userData 数据修改前

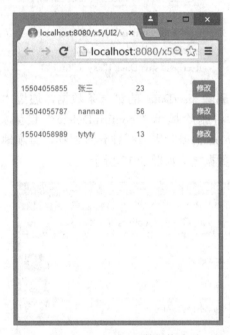

图 5-11　userData 数据修改后

5.5　删除数据

数据组件删除，根据 directDeleteMode 属性分为立即删除和跟随 saveData 删除，
directDeleteMode!=true 时 deleteData 只是把数据放入 data 的删除队列，直到 saveData 时才一
起提交所有修改数据。

1. Data 组件数据删除 API

1）Data.deleteData(rows);：删除数据组件的一条数据。

2）Data.deleteAllData();：删除数据组件的所有数据。

```
Model.prototype.myDelete = function(event) {
    var data = this.comp('data1');
    var row = data.getLastRow();
    data.deleteData(row);
};
```

用 getLastRow()方法获取 data1 数据组件最后一行数据，用 deleteData(row)方法将该行数据删除。

2．Data 组件数据删除事件

1）onBeforeDelete(event);：业务数据删除前触发该事件。

2）onCustomDelete(event);：业务数据删除接管，完全接管 delete 动作。

3）onAfterDelete(event);：业务数据删除后触发该事件。

【例 5-7】 删除用户信息表中的一条。

```
var userData=this.comp('userData');
var row=event.bindingContext.$object;
userData.confirmDelete=false;        //userData 删除提示为否，即删除数据不会有提示出现
userData.deleteData([row]);
userData.saveData({"async":true});   //异步
```

删除 userData 的第一条数据，通过"event.bindingContext.$object"语句获取当前行信息，将删除提示"confirmDelete"设置为 false，删除数据的时候就不会有提示，用 deleteData()删除当前行并异步保存，直观地展现在页面中。删除数据之前如图 5-12 所示，删除数据之后如图 5-13 所示。

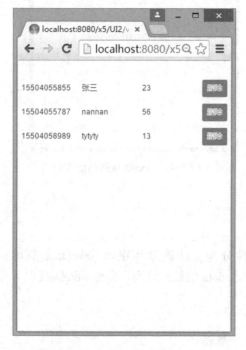

图 5-12 userData 完整数据

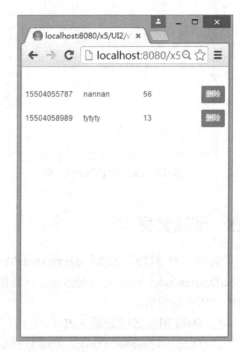

图 5-13 userData 数据删除后

5.6 刷新数据

当数据增加、修改或者删除后，数据库中的数据就会发生变化，需要对数据刷新才可以得到最新的数据。本节会从 API 和事件介绍数据刷新。

1．Data 组件数据刷新加载 API

Data.refreshData(option)是业务数据刷新事件，会刺激从 data 级联刷新，当 limit!=-1 时取第一页数据，当 limit=-1 时取全部数据。和 data 组件刷新数据相关的还有两个属性：confirmRefresh、confirmRefreshText。当 confirmRefresh==true 并且 data 处于修改状态时刷新 data，将弹出 confirmRefreshText 提示，取消后将不进行刷新动作。

2．Data 组件数据刷新相关事件

1）onBeforeRefresh(event);：刷新前，可以通过 event.cancel=true 终止刷新动作。

2）onCustomRefresh(event);：业务数据刷新接管，完全接管刷新动作。

```
//数据刷新接管实现
Model.prototype.masterDataCustomRefresh = function(event){
  //这里简单演示从 datas.json 文件中取数据，还可以传递 limit、offset 实现分页的逻辑
  var masterData = event.source;
  $.ajax({
    type: "GET",
    url: require.toUrl('./datas.json'),
    dataType: 'json',
    async: false,//使用同步方式，目前 data 组件有同步依赖
    cache: false,
    success: function(data){
      masterData.loadData(data);//将返回的数据加载到 data 组件
    },
    error: function(){
      throw justep.Error.create("加载数据失败");
    }
  });
};
```

3）onAfterRefresh(event);：业务数据刷新后会触发该事件。

4）onDataChange(event);：Data 数据状态变化事件，刷新后会触发该事件。

5.7 数据绑定

WeX5 在数据和视图两个层面的组件上，都提供了大量可通过表达式来定义的动态属性。当表达式依赖的数据项改变时，表达式会自动重新计算，并通过属性动态影响组件的显示和行为。把页面上的这种由数据驱动界面动态交互的能力统称为"数据绑定"。

5.7.1 绑定表达式

绑定表达式是视图组件的属性，但其实绑定表达式可以作用于任何一个 HTML 标签。

绑定表达式的能力极其强大，可以动态定义 HTML 标签的所有属性，甚至可以通过表达式定义动态创建 HTML 片段，可以实现各种复杂的界面动态交互。绑定表达式有很多种，接下来就一一介绍这些绑定表达式。

1. 特殊的 ref 绑定（bind-ref、bind-labelRef、bind-extRef）

ref 绑定是一种高级的复合数据绑定，并不是所有的组件都支持 ref 绑定，只有属性中包含 bind-ref（bind-labelRef、bind-extRef）的组件才能支持 ref 绑定。目前支持 ref 绑定的组件有 input、output、textArea、select、gridSelect、radio、checkbox、radioGroup、checkboxGroup、toggle、attachment、blobImage 等，基本上常用的表单编辑组件都是支持 ref 绑定的。它可以为组件同时带来多种数据感知能力。

1）双向数据感知：数据改变会自动更新组件显示，组件编辑后也会自动更新数据。从界面交互效果来看，就是多个关联到同一个数据的组件，一个数据编辑后其他组件都会自动更新。

2）数据规则感知：组件可以通过 HTML 状态和样式的改变，将只读、必填、约束等规则提示给用户。

3）数据类型感知：这里特指 input 组件通过 ref 绑定数据列后，可以感知列的数据类型。例如，当列是日期类型时，input 自动变成日期编辑模式；当列是整型数值时，input 只能输入数值。

📖 ref 绑定的属性值只能是数据列的 ref 对象，不支持表达式。

2. 数据相关的绑定表达式（bind-value、bind-checked、bind-text）

- bind-value：适用于 input、password、select、textarea。
- bind-checked：适用于 checkbox、radio。
- bind-text：适用于 span、label、em 等。

这三个表达式理解上很简单，就是通过表达式来动态定义 HTML 标签对应的数据属性。bind-value 和 bind-checked 也可以支持双向数据感知，但是要求表达式的值只能是"可观察的"数据对象（即列的 ref 值）。

3. 状态相关的绑定表达式（bind-visible、bind-enabled、bind-disabled、bind-hasFocus）

- bind-visible：组件是否显示。
- bind-enabled：组件是否可用。
- bind-disabled：组件是否禁用（优先级高于 bind-enabled）。
- bind-hasFocus：组件是否获得输入焦点。

📖 与状态相关的四个表达式都要求必须是布尔表达式。

4. 样式相关的绑定表达式（bind-style、bind-css）

- bind-style：用表达式定义 style 中的属性值。
- bind-css：动态为 HTML 标签增加或删除 class。

这两个绑定表达式都是用于动态定义 HTML 标签的样式，由于 HTML 样式的能力包罗万象、无所不能，所以对于这两个表达式的使用场景，可以尽情发挥想象力。这两个表达式在写法上与前面的简单属性表达式有所不同，采用 JSON 数据格式。

- bind-style：{"style 属性"：表达式动态定义此 style 属性的值}。
- bind-css：{"class 名称"：布尔表达式动态定义增加或删除 class}。

5．其他 HTML 属性的绑定表达式（bind-attr-src、bind-attr-href、bind-attr-title、bind-attr-xxx）

- bind-if：用布尔表达式定义 HTML 标签的内容片段（innerHTML）是否创建。
- bind-ifnot：同上，但逻辑相反。
- bind-with：为 HTML 标签的内容片段指定表达式的上下文对象$object。
- bind-foreach：按照表达式定义的数组项，动态创建多份内容片段（innerHTML），并且每份内容片段的上下文对象$object 分别等于数组中的每一项。

📖 bind-if 和 bind-ifnot 这两个表达式只是定义 HTML 标签的内容片段是否创建，并不是隐藏和显示，而且当前 HTML 标签是不变的。

6．其他绑定表达式（bind-html、bind-uniqueName）

- bind-html：动态创建 HTML 标签的 innerHTML，要求表达式返回 html 片段。
- bind-uniqueName：为 HTML 标签动态创建唯一名字（name），这个很少用。

【例 5-8】 bind-style(>18)的表达式。

```
//背景色当年龄大于 18 时为红色，前景色当年龄小于 18 时为黄色
bind-style="{'background-color': val("u_age")> 18 ? 'red' : 'yellow'}"
```

bind-style 是根据值动态为元素执行样式属性。 bind-style 格式如下。

- json 形式，用大括号。
- 属性可以多个连用，中间用逗号分隔。
- 左侧为属性键，必须用单引号标注（绝对不能用双引号，跟 bind-css 语法一样）。
- 右侧为属性值，可以是 data 中取出的值，也可以是固定值。如果想用变量，那么变量要引入可观察对象。
- 可观察对象的意义，其实就是将一个变量赋予绑定属性，供其他组件或元素进行绑定，类似于 data 绑定。绑定之后，可观察对象中的值可以通过绑定跟踪的方式，将变量中的值动态传输给绑定对象。
- 可观察对象取值方法：XXX.get()。

运行结果如图 5-14 所示。

【例 5-9】 bind-css(>30)的表达式。

```
//当年龄大于 30 时，为 class 属性动态增加
bind-css="{'text-warning':  val("u_age")  >30}"
.text-warning{color:#FF0000}     //数据颜色变为红色
```

bind-css 是为组件或元素绑定样式对象，注意是样式对象，所以在 css 样式文件中要创

建样式对象。bind-css 格式如下。

- json 形式，用大括号。
- 左侧为样式对象名称，用单引号（绝对不能用双引号）。
- 右侧为执行样式对象条件，返回值为 true 或 false。为 true 条件成立，执行该样式。
- 右侧绑定方法可以是数据组件，也可以是可观察对象，还可以是变量。

运行结果如图 5-15 所示。

图 5-14 bind-style 图

图 5-15 bind-css 图

通过以上两个例子分析，可以得出以下结论。

1）bind-css 是绑定样式对象，而 bind-style 才是绑定样式。

2）bind-css 需要预先有 css 对象，而 bind-style 可以动态执行，执行方法更灵活，更利于 UI 设计。

5.7.2 List 组件的过滤表达式

List 组件的 filter 属性可以用表达式过滤可显示的数据项，List 组件的 filter 表达式支持的环境变量如下。

- $model：当前页面模型对象。
- $row：当前计算行对象。
- $object：当前 HTML 标签所处环境的上下文对象，同视图组件。

【例 5-10】 list 组件显示一月开销大于 300 元的费用。

filter="$row.val("spand") >300"，页面刷新后只显示开销大于 300 元的数据。图 5-16 显示的是 list 组件没有设置 filter，用户正常的开销；图 5-17 显示的是 list 组件设置价格大于 300 元，即用户开销大于 300 元。

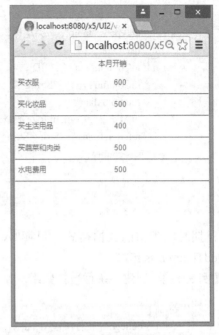

图 5-16　用户正常开销　　　　　　　　图 5-17　用户开销大于 300 元

5.7.3　表达式中使用 JS 对象和函数

在数据表达式中除了前面提到的那些环境变量，其实也可以使用任何"可以访问的 JS 对象和函数"。

- javasrcipt 的全局函数和对象，如 parseInt、parseFloat 等。
- window 对象。
- jQuery，$可以直接用，如$.each、$('div')等。
- justep 工具类，如 justep.Date.fromString。
- $model、$data、$row 等环境变量。

获取页面组件：

- 获取当前页面上的 X5 组件对象：$model.comp(xid)。
- 获取当前页面上的 HTML 原生对象：$model.getElementByXid(xid)。

基于$model 自定义函数和函数库：

- 自定义函数：在页面的 JS 文件中为 model 增加自定义函数，表达式中通过$model 调用。
- 自定义函数库：在页面的 JS 文件中引入 JS 函数库，将函数库对象设置为 model 的变量，表达式中通过$model 访问函数库对象。

5.8　JSON 数据格式

JSON 指的是 JavaScript 对象表示法（JavaScript Object Notation），是轻量级的文本数据交换格式。在和服务器交互时，服务器会返回一组 JSON 数据，前端需要处理这组数据，并选择性地将所需数据呈现在客户端。Data 组件的 JSON 数据格式如下：

```
{
        "@type" : "table",     //类型标识，"table"表明这个 JSON 是一个 table 结构的数据
        "uscrdata" : {                      //table 的元信息
        "idColumnName" : "fID",             //ID 列的名称
        "idColumnType" : "String",          //ID 列的数据类型
        "relationAlias":                    //列名，以逗号分隔
         "fAddress,fContent,fCreateTime,fPhoneNumber,fSum,fUserID,fUserName",
        "relationTypes" : "String,String,DateTime,String,Float,String,String",   //列数据类型
        "sys.count" : 2,               //总行数，用于分页的页数计算，仅当返回第一页数据
                   （offset==0）时需要返回总行数
        }
}
```

日期时间类型的数据格式：日期"yyyy-MM-dd"、时间"hh:mm:ss.fff"、日期时间"yyyy-MM-ddThh:mm:ss.fffZ"。

【例 5-11】 创建一条行数据数组。

```
{"rows":[
{"id":"1","college":"软件学院","major":"计算机科学与技术"},
{"id":"2","college":"软件学院","major":"信息管理技术"},
{"id":"3","college":"软件学院","major":"计算机科学与技术"},
{"id":"4","college":"软件学院","major":"网络工程"},
{"id":"5","college":"软件学院","major":"软件工程"}
]}
//js 代码
Model.prototype.data1CustomRefresh = function(event){
        var data1 = event.source;
        $.ajax({
                type: "GET",
                url: require.toUrl('./json/college.json'),
                dataType: 'json',
                async: false,//使用同步方式，目前 data 组件有同步依赖
                cache: false,
                success: function(data){
                        data1.loadData(data);//将返回的数据加载到 data 组件
                },
                error: function(){
                        throw justep.Error.create("加载数据失败");
                }
        });
};
```

创建 data1 组件，新增属性 id、college 和 major，将数据以 json 形式展示如上，每一条数据需要用大括号括起来，每个属性都需要定义，在前端页面以 list 组件绑定 data1 数据表，用 data1 数据组件的接管刷新 onCustomRefresh 事件加载数据，将数据显示出来。运行结果如图 5-18 所示。

图 5-18 软件学院 json 数据图

5.9 案例：用户表的增删改查

【例 5-12】 对用户表数据进行增删改查操作，实现对数据的管理功能。

1．数据表说明

用户表表名为 userData，用户表的属性为 u_id（主键 id）、u_name（用户昵称）、u_age（用户年龄）、u_password（用户密码）、u_phone（用户手机号）。

2．创建应用文件夹和文件

1）创建文件夹：在 UI2 目录下新建一个文件夹，命名为 "example"。

2）创建文件：在 example 文件夹下创建 uList.w 文件，用于显示用户表的数据；创建 user.w 文件，用于数据新增并保存数据；创建 edit.w 文件，用于修改数据并保存。

3．uList.w 文件实现步骤

1）添加页面组件：uList.w 文件的 panel 部分新增 list 组件，在 li 下插入 row 组件，每列插入 h4 组件；bottom 部分新增 buttonGroup 组件，在 buttonGroup 组件新增 4 个 button 组件；添加 2 个 windowDialog 组件，分别设置属性 "src" 为 user.w 文件路径、edit.w 文件路径。

2）绑定数据：list 组件绑定 userData 组件，3 个 h4 分别关联 userData 数据表属性 "u_phone" "u_name" 和 "u_age"。

3）删除按钮 button 组件 js 代码：

```
Model.prototype.button4Click = function(event){
        var userData=this.comp("userData");
        userData.setFilter("filter6", "u_id='"+this.id+"'");
        userData.refreshData();
        var row=userData.getCurrentRow();
        userData.confirmDelete=false;
```

```
                    userData.deleteData([row]);
                    userData.saveData();
            };
```

4）修改按钮 button 组件 js 代码：

```
Model.prototype.row1Click = function(event){
            var row = event.bindingContext.$object;
            this.id=row.val("u_id");


    };
Model.prototype.button3Click = function(event){
            var userData=this.comp("userData");
            this.comp("windowDialog2").open({
                data : this.id
              });
    };
```

通过单击行，触发行组件关联事件，获取行组件的 id，用 windowDialog 组件打开页面 edit.w，将行组件 id 值传送出去。

5）刷新按钮 button 组件 js 代码：

```
Model.prototype.button7Click = function(event){
            var userData=this.comp("userData");
            userData.clear();
            userData.refreshData({"async":true});
    };
```

6）uList.w 页面运行图：图 5-19 是用户列表界面。

图 5-19　用户列表界面

4．user.w 文件实现步骤

1）添加页面组件：user.w 文件 panel 部分添加 4 个 input 组件和 1 个 button 组件，添加 windowReceiver 组件。

2）button 组件 js 代码：

```
Model.prototype.button8Click = function(event){
        var userData=this.comp("userData");
        userData.getCurrentRow();
        userData.setValue("u_phone" ,this.comp("input1").val()), //手机号
        userData.setValue("u_password",this.comp("pswInput1").val()),  //密码
        userData.setValue("u_name",this.comp("input2").val()),    // 昵称
        userData.setValue("u_age",this.comp("input3").val()),     // 年龄
        //保存数据
        userData.saveData({
            "async":true
        });
        this.comp("windowReceiver1").windowCancel();
    };
```

3）user.w 页面运行结果：图 5-20 是用户数据新增图。

图 5-20　用户数据新增图

5．edit.w 文件实现步骤

1）添加页面组件：edit.w 文件的 panel 部分添加 4 个 input 组件，添加 windowReceiver 组件。

2）绑定数据：input 组件分别关联用户表属性"u_phone""u_password""u_name"和"u_age"。

3）button 组件 js 代码：

```
Model.prototype.button8Click = function(event){
        var userData=this.comp("userData");
        userData.getCurrentRow();
        userData.setValue("u_phone",this.comp("input1").val()), //手机号
        userData.setValue("u_password",this.comp("pswInput1").val()),   //密码
        userData.setValue("u_name",this.comp("input2").val()),      // 昵称
        userData.setValue("u_age",this.comp("input3").val()),      // 年龄
        //保存数据
        userData.saveData({
            "async":true
        });
        this.comp("windowReceiver1").windowCancel();
    };
```

4）windowReceiver 组件的 onReceive 事件 js 代码：

```
Model.prototype.windowReceiver1Receive = function(event){
        this.id=event.data;
        this.comp("userData").setFilter("filter1","u_id='"+this.id+"'");
        this.comp("userData").refreshData();
        this.comp("userData").getCurrentRow();
    };
```

5）edit.w 页面运行结果：图 5-21 是用户数据修改图。

图 5-21　用户数据修改图

5.10 本章小结

本章主要介绍了数据库组件、数据库操作相关 API 和相关事件，WeX5 提供的数据库组件操作简单易懂，对于数据库的增加、删除、修改、查询、保存、刷新等操作都有对应的方法可以去执行。

5.11 实验指导：使用 WeX5 增删改查用户表

WeX5 自带 MySQL 数据库，在 WeX5 文件夹下启动数据库，在 Studio 中配置数据源，添加数据表，在 bass 目录下添加数据表服务。

5.11.1 实验目的和要求

1）掌握 Studio 开发工具的使用方法。
2）了解数据库的启动过程。
3）掌握数据源的配置步骤，数据服务的添加。
4）掌握数据组件的方法调用。

5.11.2 增删改查用户表

1．任务描述

使用 Studio 开发工具，后台启动 MySQL 数据库，创建数据表，实现对数据表的增删改查。

2．任务要求

1）掌握 Studio 开发工具的使用过程。
2）掌握数据库的启动和配置。
3）掌握数据组件的使用过程。

3．知识点提示

本任务主要用到以下知识点。

1）创建项目文件，组件的合理使用。
2）数据组件的属性特点。
3）数据表之间的关联情况。

4．操作步骤提示

在此简单提示一下操作步骤。

1）在 UI2 目录上右击，在弹出的快捷菜单中单击"新建"，创建应用文件，创建 w 文件。
2）启动数据库，添加数据表，增加数据表服务。
3）右击 bass 目录，在弹出的快捷菜单中单击调试模式，运行 Bass。
4）根据自己的需求，在 w 文件中放置需要的组件，在 js 文件中编写代码。
5）数据组件绑定数据表，增加数据表。
6）打开 Tomcat 控制台，在应用文件夹右击，在弹出的快捷菜单中单击"在浏览器中运行"，运行这个应用文件。

5.12 习题

一、选择题

1．Data 数据状态变化事件，新增后会触发（　　）事件。

    A．onDataChange(event)　　　　　　　B．onChange(event)

    C．onCustomNew(event)　　　　　　　D．onAfterNew(event)

2．userData.setValue('u_name','张三'); userData 数据表 "u_name" 的值为（　　）。

    A．张四　　　　　B．张三　　　　　C．李斯　　　　　D．张茹

3．用（　　）方法获取 data1 数据组件最后一行数据，用（　　）方法将该行数据删除。

    A．getLastRow()　　　　　　　　　　B．deleteData(row)

    C．getlastRow()　　　　　　　　　　D．deleteRow()

4．userData.confirmDelete=false 是说明（　　）。

    A．删除数据没有提示　　　　　　　　B．删除数据提示

    C．刷新数据提示　　　　　　　　　　D．刷新数据没有提示

二、填空题

1．Data 组件上有两个关于初始化加载状态属性，分别是_____和_____。

2．数据组件数据遍历方式有两种，一种是使用_____，另一种是使用_____。

3．data 组件刷新数据相关两个属性：_____、_____，当 confirmRefresh=_____并且 data 处于修改状态时刷新，data 将弹出_____提示，取消后将不进行刷新动作。

4．Data 组件数据保存 API 是_____，Data 组件数据删除 API 是_____。

三、概念题

1．bind-css 和 bind-style 的区别是什么？

2．数据绑定表达式是什么？

第6章　WeX5页面逻辑

WeX5 页面逻辑可以利用构造函数，相关组件等来和页面相关联，对页面进行设计，获取页面相关信息，与服务器交互，使页面更加美观。WeX5 每个页面由 w 文件（w 文件为窗口文件）、w 文件同名的 js 文件和 w 文件同名的 css 文件三个文件构成，其中页面逻辑代码写在 w 文件同名的 js 文件中。用于显示的功能相当于 jsp 页面，作为对用户访问的接口将数据显示到页面的数据展示。对应的 js 文件名可以与 Windows 文件名相同，也可以不同，但一般为了编码的规范，名称取为相同，也便于更好的编码维护。

w 文件同名的 js 文件是一个符合 AMD 规范的 js 模块，在这个 js 模块中定义了一个 js 类并作为模块的返回结果，但其所处的项目中的位置仍然属于前台控制器的部分，不属于整个项目的核心，js 文件作为前台控制器的逻辑核心，即这个 js 类是页面逻辑的核心，所有的页面逻辑都在这个 js 类中实现。JavaScript 是面向对象的语言，但 JavaScript 不使用类。在 JavaScript 中，不会创建类，也不会通过类来创建对象（就像在其他面向对象的语言中那样）。JavaScript 基于原型（prototype），而不是基于类的。

6.1　JS 函数的定义

JavaScript 中使用关键字 function 定义函数。函数可以通过声明定义，也可以通过一个表达式来定义。函数的三种定义方法分别是函数声明语句、函数直接量表达式和 function() 构造函数的方法。下面依次介绍这几种方法。

函数的第一种定义方式：函数声明语句。这种定义方式下，函数不属于任何对象，但是在 js 中，它始终是默认的全局对象。

【例 6-1】函数声明的代码就是函数的声明

【例 6-1】　函数声明。

```
function a (){
    alert(123);
}
```

函数各参数含义如下。

● function: 构造一个函数。

● alert(123): alter 这个函数比较特殊。这个函数是指弹出对话框 123。

该函数声明是一个基础的函数定义形式，可以给其加一个完整的 HTML 头和尾的代码（<!DOCTYPE html></html>），用 <script></script> 将 function 部分包起来，再加一个 Button（<button onclick="a()"> 单击 </button>）去调用该函数声明，当然这一部分要放在 <body></body> 里面。

编译并运行结果如图 6-1 所示。

图 6-1 【例 6-1】运行结果

在 JavaScript 函数内部声明的变量（使用 var）是局部变量，所以只能在函数内部访问它（该变量的作用域是局部的）。可以在不同的函数中使用名称相同的局部变量，因为只有声明过该变量的函数才能识别出该变量。只要函数运行完毕，本地变量就会被删除。在函数外声明的变量是全局变量，网页上的所有脚本和函数都能访问它。

在 JavaScript 函数体内（执行作用域）声明的变量，无论在函数体何处声明，它都将会被提升到函数的顶部，称这种现象为变量提升。函数也有这种特性，即无论在函数体何处声明另一个函数，它都将会被提升到函数的顶部。只是采用函数表达式和函数声明所体现的函数，其提升的内容是有差别的：函数表达式和变量提升类似，只会提升函数的变量，不提升函数的定义；而函数声明提升时，不仅仅会提升函数的声明，函数的定义也会被提升。

除了全局变量和局部变量外，还有 JavaScript 变量的生存期和尚未声明的 JavaScript 变量来分配值，需要大家注意。

- JavaScript 变量的生命期从它们被声明的时间开始，局部变量会在函数运行以后被删除，全局变量会在页面关闭后被删除。
- 如果您把值赋给尚未声明的变量，该变量将被自动作为全局变量声明。

6.1.1 构造函数

下面重点学习在构造函数经常用到的 function()构造函数，构造函数的书写要遵循一定的规范，如果有参数的构造函数进行覆盖的话，那么同时必须要提供一个无参的构造函数。

倘若在过程中没有提供任何构造函数，那么默认会有一个无参构造函数。但一般这样的情况非常少，所以在书写时除了为相应的元素添加构造函数以外，需要注意的是无参构造函数必须填写。

【例6-2】 构造函数。

```
function abs(x) {
    if (x >= 0) {
        return x;
    } else {
        return -x;
    }
}
```

上述 abs()函数的定义如下。

- function 指出这是一个函数定义。
- abs 是函数的名称。
- (x)括号内列出函数的参数，多个参数以 "," 分隔。
- { ... }之间的代码是函数体，可以包含若干语句，甚至可以没有任何语句。
- JavaScript 对大小写敏感。关键词 function 必须是小写的，并且必须以与函数名称相同的大小写来调用函数。

下面给 abs()输入一些值来做一个实例演示，操作同【例6-2】，用一个完整的 HTML 头和尾的代码（<!DOCTYPE html></html>），用<script></script>将 function 部分包起来。

```
var abs = function (x) {
    if (x >= 0) {
        return x;
    } else {
        return -x;
    }
};
```

我们给 x 赋值-1，用 a 来调用 abs()函数，然后存起来，通过 alert 弹窗得到 a 的绝对值1，如图6-2所示。

函数体内部的语句在执行时，一旦执行到 return 时，函数就执行完毕，并将结果返回。函数内部通过条件判断和循环可以实现复杂的逻辑。如果没有 return 语句，函数执行完毕后也会返回结果，只是结果为未定义的。由于 JavaScript 的函数也是一个对象，上述定义的 abs()函数实际上是一个函数对象，而函数名 abs 可以视为指向该函数的变量。

因此，第二种定义函数的方式如下。

【例6-3】 构造匿名函数。

```
var abs = function (x) {
    if (x >= 0) {
        return x;
    } else {
```

```
            return -x;
        }
    };
    alert(abs(-5))
```

函数各参数含义如下。

● var: 作为程序的保留字, 用于定义变量。

● abs 是函数的名称。

● (x)括号内列出函数的参数, 多个参数以 "," 分隔。

编译并运行结果并不会受到影响, 如图 6-3 所示。

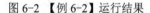

图 6-2 【例 6-2】运行结果　　　　　　图 6-3 【例 6-3】运行结果

在这种方式下, function (x) { ... }是一个匿名函数, 它没有函数名。但是, 这个匿名函数赋值给了变量 abs, 所以通过变量 abs 就可以调用该函数。

匿名函数的使用场景有很多的限制, 为了防止内存的抖动, 常常在使用很少内存的情况下才会使用匿名函数, 避免变量的开辟与短时间的释放。匿名函数常常使用在仅仅只使用一次的场景下, 组件一般是用于事件驱动的业务场景之下, 系统内部提供监听的方法, 当控件接收到用户单击的行为时会触发组件相对应的方法。

上述两种定义完全等价, 注意第二种方式按照完整语法需要在函数体末尾加一个 ";", 表示赋值语句结束。

6.1.2 定义属性

JavaScript 中的所有事物都是对象: 字符串、数字、数组、日期等。在 JavaScript 中, 对象是拥有属性和方法的数据。属性是与对象相关的值。方法是能够在对象上执行的动作。JavaScript 定义属性有多种定义方式, 下面简要介绍以下三种: prototype 方式、this 方式和JSON 方式。

JavaScript 中定义类及属性方法应用格式如下。

方式一：prototype 方式。

1）定义类：function

2）定义属性：类名.prototype.属性名="xxx";

3）定义方法：类名.prototype.方法名=function(){...}

4）调用：var _obj = new 类名();

　　　　　_obj.方法名();

　　　　　_obj.属性名();

【例6-4】 prototype 定义属性。

```
<script>
function test(){}
test.prototype.username="bady";
test.prototype.sayHello=function(){
    alert("Hello!");
};
function testObject(){
    var _o=new test();
    _o.sayHello();
}
testObject()
</script>
```

各参数含义如下。

● function：构造一个函数。

● test 是函数的名称。

● alert 弹窗显示运行结果。

● { ... }之间的代码是函数体。

编译并运行，结果如图 6-4 所示。

方式二：this 方式。

【例6-5】 this 方式定义属性。

```
<script>
function boy(){ //定义类
this.name = "小超"; //定义属性
this.age= 25 ;
this.say =function(s){ //定义方法
 alert(s);
 }
}
Function testObj(){ //测试方法
 var _boy = new boy(); //创建对象
 _boy.say("bye!"); //调用方法
 }
```

127

```
    </script>
```

编译并运行，结果如图 6-5 所示。

图 6-4 【例 6-4】运行结果

图 6-5 【例 6-5】运行结果

方式三：JSON 方式。

【例 6-6】 JSON 方式定义属性。

```
 <script>
var text = '{"employees":[' +
     '{"firstName":"John","lastName":"Doe" },' +
     '{"firstName":"Anna","lastName":"Smith" },' +
     '{"firstName":"Peter","lastName":"Jones" }]}';
obj = JSON.parse(text);
document.getElementById("demo").innerHTML =
     obj.employees[1].firstName + " " + obj.employees[1].lastName;
</script>
```

编译并运行，结果如图 6-6 所示。

在 js 类中，可以根据实际的业务需求，定义自己的属性，例如，【例 6-7】的代码在构造函数中定义了"STORE_ID"属性。

【例 6-7】 定义属性并给属性赋初始值，

```
var Model = function() {
   this.callParent();
   this.STORE_ID = "todoData";
};
```

定义属性并给属性赋初始值，this.callParent()调用父类的构造函数，this.STORE_ID 是指定义属性。在访问对象的属性上，属性是与对象相关的值。访问对象属性的语法如下：

```
objectName.propertyName
```

【例6-8】 访问对象属性。

```
var message="Hello World!";
var x=message.length;
alert(message);
```

编译并运行程序，结果如图 6-7 所示。

图 6-6 【例 6-6】运行结果　　　　　图 6-7 【例 6-8】运行结果

6.1.3 关联页面方法

页面逻辑设计中，关联页面方法也十分重要，其有固定的语句。在 js 类中，可以根据实际的业务需求，定义自己的方法，语法规则如下：

```
Model.prototype.方法名=function(参考列表){
        //方法的实现
};
```

"titleInputKeydown" 方法的定义见【例 6-9】。

【例6-9】 titleInputKeydown 方法的定义。

```
Model.prototype.titleInputKeydown = function(event) {
  if (event.keyCode == 13) {
    this.addTodo();
  }
  return true;
};
```

6.2 事件绑定处理器

事件绑定器是一个对象，实现了 event 接口，并且定义了事件发生时，要调用的函数方法。在 js 中，w3c 的浏览器用事件句柄直接取代了这一对象，所以在函数调用的时候，不考虑冒泡的情况下，this 对象是注册该方法的对象；考虑冒泡的情况下，可以用 event.currentTaget 来说明。但是对于浏览器而言，this 居然是 window，attachEvent 是个全局函数。先来了解下 js 事件。js 的事件是 js 中很重要的一部分内容，充分理解事件机制是必不可少的。js 中事件分类如下。

鼠标事件：onclick，ondbclick，onmouseover,onmouseout。

键盘事件：onkeyup，onkeydown，onkeypress。

表单事件：onsubmit，onblur，onfoucs，onchange。

页面事件：onload，onunload，onreload。

- onload 和 onunload 事件会在用户进入或离开页面时被触发。onload 事件可用于检测访问者的浏览器类型和浏览器版本，并基于这些信息来加载网页的正确版本。onload 和 onunload 事件可用于处理 cookie。

- onmouseover 和 onmouseout 事件可用于在用户的鼠标移至 HTML 元素上方或移出元素时触发函数。

- onmousedown，onmouseup 以及 onclick 构成了鼠标单击事件的所有部分。首先，当单击鼠标按钮时，会触发 onmousedown 事件；其次，当释放鼠标按钮时，会触发 onmouseup 事件；最后，当完成鼠标单击时，会触发 onclick 事件。

下面举几个例子介绍这几个事件机制。

【例 6-10】 deleteBtnClick 绑定到 button 的 onClick 事件。

```
// 删除
Model.prototype.deleteBtnClick = function(event) {
    var row = event.bindingContext.$object;
    this.comp("todoData").deleteData(row);
};
```

onload 的语法如下：<body onload="checkCookies()">。

【例 6-11】 onload 事件。

```
<script>
function checkCookies()
{
if (navigator.cookieEnabled==true)
    {
    alert("已启用 cookie")
    }
else
    {
    alert("未启用 cookie")
```

```
        }
    }
    </script>
    <p>提示框会告诉你，浏览器是否已启用 cookie。</p>
```

编译并运行程序，结果如图 6-8 所示。

图 6-8 【例 6-11】运行结果

onchange 事件常结合对输入字段的验证来使用。下面是一个如何使用 onchange 的例子。当用户改变输入字段的内容时，会调用 upperCase() 函数。

【例 6-12】 onchange 事件。

```
<script>
function myFunction()
{
var x=document.getElementById("fname");
x.value=x.value.toUpperCase();
}
</script>
请输入英文字符：<input type="text" id="fname" onchange="myFunction()">
<p>当您离开输入字段时，会触发将输入文本转换为大写的函数。</p>
```

在了解事件之后，需要知道绑定事件的几种方式。下面介绍三种事件绑定方式。

第一种方式 ：HTML 元素行间事件（也可以叫 HTML 事件处理程序），即直接在 html 标签里添加事件。缺点：html 和 js 代码紧密耦合。

【例 6-13】 直接在标签里添加事件。

```
<input type="button" onclick="test();"/>
<script>
    function test() {
        alert("我是行间事件");
    }
</script>
```

编译并运行程序，结果如图 6-9 所示。

图 6-9 【例 6-13】运行结果

第二种添加事件的方式是用得比较多的一种方式：把一个函数赋值给一个事件处理程序属性，有简单而且有跨浏览器的优势。

【例 6-14】 函数赋值给事件处理程序属性。

```
<body>
<input id="button1"type="button" value="按钮"/>
<script>
  oBtn = document.getElementById('button1');// 获取的按钮元素
  //定义函数 abc
  function abc(){
    alert('abc');
  }
  oBtn.onclick=function abc(){alert('abc');}
  //oBtn.onclick=abc;//当单击的时候执行 abc 这个函数，等价于 oBtn.onclick=function abc()
{alert('abc');}
</script>
</body>
```

编译并运行程序，结果如图 6-10 所示。

如果要去掉绑定的事件：直接让 btn2.onclick = null; 即可，上面的这种方式在 Web 开发中是比较常用的方式。onclick 和 onmousemove 等这些事件在网页中都可以得到支持，但是在手机上就失效了，在手机上需要通过"事件监听"的方式来实现事件绑定。

第三种方式：通过"事件监听"的方式来绑定事件。

【例 6-15】 事件监听绑定事件。

```
<input  id="inputBtn" type="button" value="click"/>
<script>
    var inputBtn = document.getElementById('inputBtn');
    inputBtn.addEventListener('click',showMsg,false);//鼠标单击的时候调用 showMeg 这个函数
    function showMsg() {
        alert("事件监听");
    }
</script>
```

编译并运行程序，结果如图 6-11 所示。

图 6-10 【例 6-14】运行结果

图 6-11 【例 6-15】运行结果

6.2.1 组件关联

在 WeX5 中，界面事件有两种：组件回调事件（组件上 onClick 事件）和标准的 DOM
事件（bind-开头的事件）。HTML DOM 使 JavaScript 有能力对 HTML 事件做出反应。可以
在事件发生时执行 JavaScript，比如当用户在 HTML 元素上单击时。如需在用户单击某个元
素时执行代码，可向一个 HTML 事件属性添加 JavaScript 代码：

onclick=JavaScript

举些 HTML 事件的例子：当用户单击鼠标时，当网页已加载时，当图像已加载时，当
鼠标移动到元素上时，当输入字段被改变时，当提交 HTML 表单时，当用户触发按键时。
WeX5 组件的一个页面分为数据和展现两个部分，组件也对应分为数据组件和展现组件。 使
用数据组件存储页面中的数据；使用展现组件将页面展现出来。数据组件和展现组件使用双
向数据绑定。数据源或绑定目标对象的属性的值发生改变时会互相通知，也就是界面的操作
能实时反映到数据，数据的变更能实时展现到界面。可以解决上面这个方法带来的问题——

导致页面以前元素添加的事件失效；但是效率低下，因为会重复地操作 DOM 元素页面。页面的代码全部是动态创建的。

在 js 中，可以通过 ModelBase 上的 comp 方法来获取组件，见【例 6-16】。

【例 6-16】 通过 comp 方法来获取组件。

```
define(function(require){
    var $ = require("jQuery");
    var justep = require("$UI/system/lib/justep");
    var Model = function(){
        this.callParent();
    };
    Model.prototype.button1Click = function(event){
        var input= this.comp("input1").val();
            alert('我是 input 的属性！'+input);
    };
    return Model;
});
```

下面了解声明式绑定事件处理器：参考"组件的事件"。同理，对于标准的 DOM 事件（bind-开头的事件），与组件事件的声明方式类似。事件绑定设计图如图 6-12 所示，获取组件图如图 6-13 所示。

图 6-12 事件绑定设计图　　　　　　图 6-13 获取组件图

6.2.2 代码实现关联

代码式绑定事件处理器：对于组件上的回调事件，可以使用组件的 on 和 off 来进行应用，如图 6-14 所示。

对于标准的 DOM 事件，可以使用 jQuery 相关的 api 来绑定，见【例 6-17】。

【例 6-17】 使用 jQuery 相关的 api 来绑定。

```
var id = this.getIDByXID("xx"); //xx 是某个节点的 xid 值;
var element = $("#" + id);
```

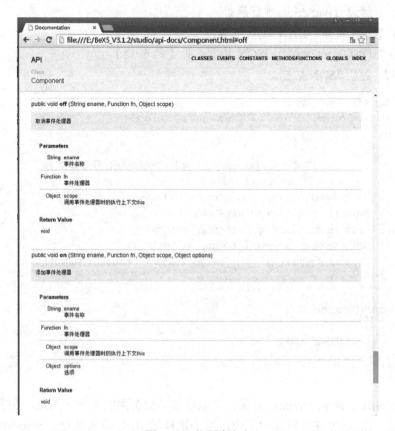

图 6-14 代码式绑定

6.3 获取上下文信息

Android 客户端与服务器端的 json 数据交互，主要是通过 json 形式的数据交互，即 json 的写入和解析。json 数据和 JavaScript 关系密切，程序开发人员使用 JavaScript 中通用的对象访问方法就能对它进行访问。在 js 中通过对 json 的访问来获取相关信息。

6.3.1 JSON 数据获取请求 url 的参数

JSON（JavaScript Object Notation，JS 对象标记）是一种轻量级的数据交换格式。它基于 ECMAScript（欧洲计算机协会制定的 js 规范）的一个子集，采用完全独立于编程语言的文本格式来存储和表示数据。简洁和清晰的层次结构使得 JSON 成为理想的数据交换语言。JSON 易于人们阅读和编写，同时也易于机器解析和生成，并有效地提升了网络传输效率。

JSON有着以下特点。
● JSON 是纯文本。

- JSON 具有 "自我描述性"（人类可读）。
- JSON 具有层级结构（值中存在值）。
- JSON 可通过 JavaScript 进行解析。
- JSON 数据可使用 AJAX 进行传输。

可以使用 JSONObject 来解析 JSON 数据，见【例 6-18】。

【例 6-18】 解析 JSON 数据。

```
//方法：使用 JSONObject
  private void parseJSONWithJSONObject(String JsonData) {
    try
{
                    JSONArray jsonArray = new JSONArray(jsonData);
            for (int i=0; i < jsonArray.length(); i++)      {
            JSONObject jsonObject = jsonArray.getJSONObject(i);
            String id = jsonObject.getString("id");
             String name = jsonObject.getString("name");
            String version = jsonObect.getString("version");
            System.out.println("id" + id + ";name" + name + ";version" + version);
          }
      }
    catch (Exception e)
        {
         e.printStackTrace();
        }
  }
```

通过 ModelBase 的 getContext 方法，可以获取当前页面的上下文对象，在上下文对象中可以获取信息。在 ASP.NET 后台代码中，对于这样的 URL 请求地址：http://www.abc.com?id=001，可以通过 Request.QueryString["id"]的方法很容易地获取到 URL 中请求的参数的值，但是要在前台 js 代码中获取请求的参数的值，应该怎么做呢？在调用下面的方法的时候，只要传入参数的名称，就可以获取到你想要的参数的值了，如 getUrlParam("id")。获取请求 url 的参数方式如下：

```
Object getRequestParamers()
String getRequestParameter(String name)
```

【例 6-19】 获取 url 参数。

```
<script>
function GetLocationParam(param){
var request = {
QueryString : function(val) {
var uri = window.location.search;
var re = new RegExp("" +val+ "=([^&?]*)", "ig");
return ((uri.match(re))?(decodeURI(uri.match(re)[0].substr(val.length+1))):");
}
}
return request.QueryString(param);
}
```

```
        var uid=GetLocationParam("uid");
    </script>
```

还可以通过正则表达式来获取参数，更加方便、快捷、实用。RegExp 对象用于规定在文本中检索的内容。RegExp 是正则表达式的缩写。当要检索某个文本时，可以使用一种模式来描述要检索的内容。RegExp 就是这种模式。简单的模式可以是一个单独的字符。更复杂的模式包括了更多的字符，并可用于解析、格式检查、替换等。可以规定字符串中的检索位置以及要检索的字符类型等。

【例6-20】 正则表达式获取参数。

```
<button onclick="myFunction()">点我</button>
<p id="demo"></p>
<script>
function myFunction() {
    var str = "Visit WeX5";
    var n = str.search(/WeX5/i);
    document.getElementById("demo").innerHTML = n;
}
</script>
```

编译并运行程序，结果如图 6-15 所示。

图 6-15 【例 6-20】运行结果

6.3.2 获取当前组织相关信息

简单来说，JSON 是一种序列化的文件格式，用于传输不同模块之间的数据。上下文是一种作用域，就像一个篮子，使用上下文传输数据，很多函数一般都是对外提供访问的接口以及用户获取封装数据的属性。JSON 是在不同的技术之间来传输数据的，就像是翻译人员，什么语言它都会，都能识别并听得懂。常见的获取当前组织信息的方法及功能如表 6-1 所示。

表 6-1　获取当前组织信息的方法及功能

方　法　名	功　　能
String getCurrentDeptCode()	得到当前部门的编码，只是数据模型的对外访问方法，体现在数据的封装
String getCurrentPersonMemberCode()	获取当前成员编码
String getMainOrgFCode()	获取主要组织编码
String getMainOrgFID()	获取主要组织 ID
String getMainPersonMemberID()	获取当前成员 ID
String getMainPersonMemberName()	获取当前成员姓名
String getMainPosCode()	获取主要终端编码
String getMainPosFID()	获取主要终端 ID
String getOperatorCode()	获取操作员编码
String getAllRoles()	获取全部用户
String getMainPersonMemberFName()	获取主要成员名字

　　这些方法的区别在于，都是一个数据表中的不同字段且只是字段的名字不同，而其他的功能获取语句也如上几种，以此类推即可。

6.3.3　当前功能相关信息

　　在 js 中通过对 JSON 的访问来获取当前功能相关信息时，可以通过 String getActivity()等相关函数获取信息，具体如下。

- String getActivity()获取当前功能。
- String getActivityLabel()获取启用的标签。
- String getProcess()获取流程。
- String getProcessLabel()获取流程标签。

【例 6-21】　获取功能。

```
//全局 Application:
public class Application extends Application {
  private static Application instance;
  @Override
  public void onCreate() {
super.onCreate();
instance = this;
}
public static Application getInstance(){
  return instance;
}
}
```

　　在 Fragment 中直接使用 getContext 方法容易产生空指针异常，覆写 getContext 方法。

```
private Activity activity;
public Context getContext() {
```

```
    activity = getActivity();
  if (activity == null) {
  return HSApplication.getInstance();
    }
    return activity;
  }
```

6.3.4 当前任务相关信息

传输不同模块之间的数据，获取当前任务相关信息，可参考如下几个函数，不同的函数起到不同的作用。

- String getTask()
- void setTask(String task)
- String getData()
- void setData(String value)

前面通过 ModelBase 的 getContext 方法，可以获取当前页面的上下文对象，在很多情形下，系统接收到触发指令后，会进行相应的业务逻辑处理，多体现在 button 按钮之上。

当软件项目的大小趋于一定的程度时，常常采用分块开发的模式，即每个模块相互独立，然后再建立起模块与模块之间的关系，也就是模块之间的代码关联。在关联的部分常采取配置文件的方式进行绑定与连接。

在异步请求中获取处理后的数据常常有三种方式。一种为直接获取，此种情况适用于代码段简短而且知道明确的类型的情况下。第二种方式为 html 代码片段实现，即如果返回类型声明成 script，那么就算返回的 data 没有做处理，也会默认当作 js 代码去执行，html 和 text 都是按照字符串解析，其适用范围也相对较小。最后一种方式也是最常见的应用方式即 JSON 的格式，JSON 数据格式在传输和调用方面具有极大的优势，常用于不同模块之间数据的传输与传递。无论何种方式，均支持对 JSON 数据格式的解析与存储。当数据量很少时，可以人工手动编解码，当数据量达到一定程度时，可使用相对应的插件进行批量的处理。

6.4 与门户交互

在页面的展示部分，即与门户交互部分，常采取的显示结构为菜单控制，主页面显示不变的部分，其在组织结构的时候往往采用页面包含的方式实现代码的动态加载，提高代码的重复使用，减少代码的冗余，在较大型软件的设计中，最核心的部分即为对相同代码的抽取，因此衍生出更多的模型结构与概念。

原生的 Web 写法应该是在标签内写入要显示的内容，但是 WeX5 将基础开发基本的组件进行了封装，而且为了方便管理数据还引入了数据绑定机制，每次进行组件初始化的时候都会调用相应的构造函数去初始化组件。

在 js 中，可以通过 justep.Shell 上的 api 与门户进行交互，如表 6-2 所示。

表 6-2　与门户交互的方法

方 法 名	参 数	说 明
justep.Shell.showPage(url, params, data)	url,params, data	显示页面
justep.Shell.closePage(url)	url	关闭页面，其中 url 可选，没有 url 时，表示关闭当前页面
justep.Shell.showLeft()	无	显示右边栏
justep.Shell.showRight()	无	显示右边栏
justep.Shell.showMainPage()	无	显示首页
justep.Shell.loadPage(params)	params	加载页面

WeX5 写法与原生 js 写法对比，在页面复杂的时候 WeX5 的代码更简洁，更方便管理。

6.5　与服务端交互

在开发过程中，有很多时候需要用到本地 java 代码和 JavaScript 进行交互。Android 对交互进行了很好的封装，在开发中可以很简单地用 java 代码调用 webview 中的 js，也可以用 webview 中的 js 来调用本地的 java 代码，这样可以实现很多原来完成不了的功能，比如单击网页上的电话号码后手机自动拨打电话，单击网页中的笑话，自动发送短信等。

6.5.1　常用的服务端交互方式

在 WeX5 中，可以通过$.ajax 与服务端进行交互，在如今的后台服务器交互方面，使用最多的请求方式就是 Ajax。该种方式有很多的优点，其中包括局部刷新，使用户在不刷新当前页面的前提下即可获取到新的数据。

【例 6-22】　通过$.ajax 与服务端进行交互。

```
$.ajax({
  "type" : "post",
  "async" : options.async ? options.async : false,
  "dataType" : "json",
  "url" : this.BASE_URL + options.url,
  "data" : {
    "action" : options.action,
    // 序列化参数 JSON 字符串
    "params" : JSON.stringify(options.params)
  },
  "complete" : function(xhr) {
    if (xhr.readyState == 4 && xhr.status == 200) {
      if (options.success) {
        options.success.call(this, xhr.responseJSON, xhr);
      };
    } else {
```

```
                    var msg = self.getErrorMsg(xhr);
                    if (options.error) {
                        options.error.call(this, msg, xhr);
                    } else {
                        self.showError(msg);
                    }
                }
            }
    });
```

Ajax 即"Asynchronous Javascript And XML",是指一种创建交互式网页应用的网页开发技术。Ajax 等同于异步 JavaScript 以及 XML(是标准通用的标记语言子集)。Ajax 被称作是一种用来创建快速动态网页的技术,也是一种在无需重新加载整个网页的情况下,能够更新部分网页的技术,通过在后台与服务器进行少量数据交换,Ajax 可以使网页实现异步更新。

Ajax 在很多功能上的使用可以体验到更加顺畅的感觉,但是这么做常常也带来了一些其他的问题,比如破坏了浏览器的显示结构,无法进行页面的回退,无法回到上一个页面的内容等。

Ajax 鉴定为一个特殊的对象,并无其他高级的部分,该对象在不同的浏览器之中有不同的版本,因此需要进行分情况的处理,代码结构略显复杂。

如果每次在调用时都书写一段这样的代码,无疑会降低程序的效率,因此有现成的框架提供了封装的方式。其中这一块为框架提供了较为良好的封装,在开发中也常常被采用。使用框架的好处是能够使程序员专注在代码的业务逻辑上,而非技术的细节实现上,并且在效率上能够更高,代码的稳定性更强,能够适应不同的浏览器版本以及向下兼容。

在特殊的场景下,由于页面没有发生变动,所以数据的更新用户难以察觉。因此特殊的数据使用 Ajax 更新以后,需要在页面做出相应的提示。Ajax 的核心对象为 XMLHTTPRequest,其提供数据请求的方式也仅为三种。Ajax 的要点是 XMLHTTPRequest 对象,不同的情景创建 XMLHTTPRequest 对象的方法也是存在差异的。

表 6-3 是 XMLHttpRequest 对象的三个重要的属性。

表 6-3 XMLHttpRequest 对象的属性

属　　性	描　　述
onreadystatechange	存储函数(或函数名),每当 readyState 属性改变时,就会调用该函数
readyState	存有 XMLHttpRequest 的状态,从 0 到 4 发生变化。 0: 请求未初始化 1: 服务器连接已建立 2: 请求已接收 3: 请求处理中 4: 请求已完成,且响应已就绪
status	200: "OK"

在 onreadystatechange 事件中,规定当服务器响应已做好被处理的准备时所执行的任务。

【例 6-23】 当 readyState 等于 4 且状态为 200 时，表示响应已就绪。

```
xmlhttp.onreadystatechange=function()
{
    if (xmlhttp.readyState==4 && xmlhttp.status==200)
    {
        document.getElementById("myDiv").innerHTML=xmlhttp.responseText;
    }
}
```

注意：onreadystatechange 事件被触发 4 次（0～4），分别是 0～1、1～2、2～3、3～4，对应着 readyState 的每个变化。

在 jQuery 提供的框架中，有一个参数为回调函数，回调函数的功能也是不可或缺的元素之一。回调函数用于在需要调用一个函数的时候，往其中添入部分的代码，而作为函数的参数是不允许传递函数的代码段的，因此提供了句柄，也就是回调函数的 H 处理方法，在此模块中可以添加代码段，用于向请求的函数传递代码段，并将处理后的结果返回。该部分由框架底层提供，无需使用者详细了解，如需自己实现代码的话，要了解其底层的实现原理，并精简代码结构。

换言之，回调函数是一种以参数形式传递给另一个函数的函数。

如果您的网站上存在多个 Ajax 任务，那么应该为创建 XMLHttpRequest 对象编写一个标准的函数，并为每个 Ajax 任务调用该函数。

该函数调用应该包含 URL 以及发生 onreadystatechange 事件时执行的任务（每次调用可能不尽相同），详见【例 6-24】。

【例 6-24】 使用回调函数。

```
<script>
$(document).ready(function(){
    $("button").click(function(){
        $("#div1").load("/statics/demosource/demo_test.txt",function(responseTxt,statusTxt,xhr){
            if(statusTxt=="success")
                alert("获取内容成功");
            if(statusTxt=="error")
                alert("Error: "+xhr.status+": "+xhr.statusText);
        });
    });
});
</script>
```

编译并运行程序，结果如图 6-16 所示。

最后需要注意的是，Ajax 的核心为一个 HTTP 相关的对象，并无其他特别的地方。由于其使用场景非常广泛，所以单拎出来作为一个简单的轻量级框架，在获取数据方面发挥的作用极大，作为实现人员应重视该模块。截止到目前，所有主流浏览器均支持异步请求 Ajax 对象。

图 6-16 【例 6-24】运行结果

6.5.2 jQuery ajax()方法

jQuery ajax()方法是 jQuery 底层 Ajax 实现。简单易用的高层实现如$.get 和$.post 等。$.ajax() 返回其创建的 XMLHttpRequest 对象。大多数情况下无需直接操作该函数，除非需要操作不常用的选项，以获得更多的灵活性。最简单的情况下，$.ajax() 可以不带任何参数直接使用。

【例 6-25】 使用 Ajax 请求改变<div>元素的文本。

```
<script>
$(document).ready(function(){
  $("button").click(function(){
    $.ajax({url:"/statics/demosource/demo_test.txt",success:function(result){
      $("#div1").html(result);
    }});
  });
});
</script>
```

编译并运行程序，结果如图 6-17 所示。

Ajax() 方法用于执行 Ajax（异步 HTTP）请求。

所有的 jQuery Ajax 方法都使用 ajax() 方法，该方法通常用于其他方法不能完成的请求。

$.ajax({name:value, name:value, ... })该参数规定 Ajax 请求的一个或多个名称/值对。

图 6-17 【例 6-25】运行结果

表 6-4 列出了可能的名称/值。

表 6-4 Ajax 请求的名称/值对

名　　称	值/描述
async	布尔值，表示请求是否异步处理。默认是 true
beforeSend(xhr)	发送请求前运行的函数
cache	布尔值，表示浏览器是否缓存被请求页面。默认是 true
complete(xhr,status)	请求完成时运行的函数（在请求成功或失败之后均调用，即在 success 和 error 函数之后）
contentType	发送数据到服务器时所使用的内容类型。默认是"Application/x-www-form-urlencoded"
context	为所有 Ajax 相关的回调函数规定 "this" 值
data	规定要发送到服务器的数据
dataFilter(data,type)	用于处理 XMLHttpRequest 原始响应数据的函数
dataType	预期的服务器响应的数据类型
error(xhr,status,error)	如果请求失败要运行的函数
global	布尔值，规定是否为请求触发全局 Ajax 事件处理程序。默认是 true
ifModified	布尔值，规定是否仅在最后一次请求以来响应发生改变时才请求成功。默认是 false
jsonp	在一个 jsonp 中重写回调函数的字符串
jsonpCallback	在一个 jsonp 中规定回调函数的名称
password	规定在 HTTP 访问认证请求中使用的密码
processData	布尔值，规定通过请求发送的数据是否转换为查询字符串。默认是 true
scriptCharset	规定请求的字符集
success(result,status,xhr)	当请求成功时运行的函数

名　　称	值/描述
timeout	设置本地的请求超时时间（以毫秒计）
traditional	布尔值，规定是否使用参数序列化的传统样式
type	规定请求的类型（GET 或 POST）
url	规定发送请求的 URL。默认是当前页面
username	规定在 HTTP 访问认证请求中使用的用户名
xhr	用于创建 XMLHttpRequest 对象的函数

6.5.3　jQuery 可拖拽理念

本节讲述一些类似 jQuery UI API 的可拖拽小部件（Draggable Widget）的用法，其存在意义是允许使用鼠标移动各个元素，如表 6-5 所示。

- UI 核心（UI Core）。
- 部件库（Widget Factory）。
- 鼠标交互（Mouse Interaction）。

注释：让被选元素可被鼠标拖拽。如果您不只是拖拽，而是拖拽和放置，请查看 jQuery UI 可放置（Droppable）插件，为可拖拽元素提供了一个放置目标。

表 6-5　拖拽小部件举例

选　　项	类　　型	描　　述	默　认　值

addClasses	Boolean	如果设置为 false，将阻止 ui-draggable class 被添加。当在数百个元素上调用 .draggable() 时，这么设置有利于性能优化。
		代码实例如下：
		初始化带有指定 addClasses 选项的 draggable：
		$(".selector").draggable({ addClasses: false });
		在初始化后，获取或设置 addClasses 选项：
		// gettervar addClasses = $(".selector").draggable("option", "addClasses");
		// setter
		$(".selector").draggable("option", "addClasses", false);
			true

【例 6-26】　一个简单的 jQuery UI 可拖拽小部件。

```
<!doctype html>
<html lang="en">
<head><meta charset="utf-8">
 <title>可拖拽小部件（Draggable Widget）演示</title>
 <link rel="stylesheet" href="//code.jQuery.com/ui/1.10.4/themes/smoothness/jQuery-ui.css">
 <style>
 #draggable {
   width: 100px;
   height: 100px;
   background: #ccc;
 }
 </style>
 <script src="//code.jQuery.com/jQuery-1.10.2.js"></script>
 <script src="//code.jQuery.com/ui/1.10.4/jQuery-ui.js"></script>
```

```
</head>
<body>
<div id="draggable">请拖拽我！</div>
  <script>
$( "#draggable" ).draggable();
</script>
</body>
</html>
```

编译并运行，结果如图 6-18 所示。

图 6-18 【例 6-26】运行结果

在 WeX5 中也可以根据如上一种鼠标拖拽形式的理念来梳理整个页面的逻辑。而且 WeX5 是混合的 App 开发方式，在前端 UI 设计上遵循 HTML5 + CSS3+JS 的设计原则，完全基于 HTML5+CSS3+JS，所以完全可以借鉴该方式。

6.6 本章小结

本章详细介绍了 js 函数的定义，包括构造函数、定义属性、关联页面、事件绑定器的组件关联和代码实现关联，用 JSON 对象读取参数来获取组织信息，获取当前功能信息和当前任务信息，以及与门户和服务器端的交互。在 WeX5 页面逻辑中，主要讲述了 JavaScript 相关函数构造应用、事件绑定器的应用，在 WeX5 中学习了如何获取上下文信息、如何与门户交互、与服务端交互等。通过本章的学习，要做到对页面设计相关技术熟练，课下时间不断地练习，熟悉代码的编写和构思，在不断学习中达到能够自己成功设计出界面的目标。

6.7 实验指导：WeX5 页面逻辑

本实验旨在掌握 WeX5 页面逻辑实现对页面的相关操作。

6.7.1 实验目的和要求

1）掌握组件的使用方法。

2）理解页面布局的相关概念。

3）掌握关联页面的方法。

4）掌握参数传递的定义和使用方法。

6.7.2 页面逻辑设计

1．任务描述

用户在使用电子商务系统时需要进行注册，注册的信息包括：用户号、用户昵称、登录密码、姓名、年龄、性别、信誉度等。

2．任务要求

1）请根据实际情况对每个属性选用适当的数据类型，既满足要求又节省空间。

2）通过键盘完成参数之间传值，页面之间的相互关联，然后将用户的所有信息输出显示，完成页面跳转。

3）对整体页面进行合理的布局，使页面简洁美观。

3．知识点提示

本任务主要用到以下知识点。

1）组件的创建，填写属性、样式和事件。

2）页面之间参数的传递。

3）页面的关联方法和跳转。

4．操作步骤提示

实现方式不限，在此以控制台应用程序为例简单提示一下操作步骤。

1）新建两个项目文件。

2）在对应界面放置组件，填写组件的属性、样式及事件。

3）创建全局变量，用于实现各页面之间参数的传递。

4）在对应 js 文件里编写事件的跳转逻辑。

5）合理设计各个界面的页面布局。

6）启动 Tomcat 调试。

6.8 习题

一、选择题

1．可以在下列（   ）HTML 元素中放置 JavaScript 代码。

    A．＜script＞   B．＜javascript＞   C．＜js＞   D．＜scripting＞

2．预测以下代码片段的输出结果（   ）。

```
var str
alert(typeof str);
```

A．. string　　B．.undefined　　C．.object　　D．.String

3. 以下（　　）不属于 Javascript 的特征。

　　A．Javascript 是一种脚本语言

　　B．Javascript 是事件驱动的

　　C．Javascript 代码需要编译以后才能执行

　　D．Javascript 是独立于平台的

4. 以下关于 JavaScript 中事件的描述中，不正确的是（　　）。

　　A．click——鼠标单击事件

　　B．ocus——获取焦点事件

　　C．mouseover——鼠标指针移动到事件源对象上时触发的事件

　　D．change——选择字段时触发的事件

5. String getActivity()等相关函数可以获取相关信息，该函数的功能是（　　）。

　　A．获取当前功能

　　B．获取启用的标签

　　C．获取流程

　　D．获取流程标签

6. 下列关于鼠标事件描述有误的是（　　）。

　　A．click 表示鼠标单击

　　B．dblclick 表示鼠标右击

　　C．mousedown 表示鼠标的按钮被按下

　　D．mousemove 表示鼠标进入某个对象范围，并且移动

7. 下面选项中JSON具有的特点不包括（　　）。

　　A．JSON 是纯文本

　　B．JSON 具有"自我描述性"（人类可读）

　　C．JSON 不具有层级结构（值中存在值）

　　D．JSON 可通过 JavaScript 进行解析

二、填空题

1. 函数的三种定义方法分别是_____、_____和_____。

2. 绑定事件的几种方式有：_____、_____和_____。

3. 代码式绑定事件处理器：对于组件上的回调事件，可以使用组件的_____和_____来进行应用。

4. Android 客户端与服务端的_____，主要是通过_____，就是_____。

5. 在如今的后台服务器交互方面，使用最多的请求方式就是_____。

三、概念题

1. 简要叙述鼠标事件 onloadh 和 onmouseover 的相关功能。

2. 请列举出与门户交互的方法及功能，至少四种。

第7章 综合案例: 校园二手商品
交易 App 设计与实现

本案例是设计并实现校园二手商品交易 App, 需要设计前台页面和连接后台数据库, 首先需要进行需求分析, 然后对系统整体设计, 构建数据表之间的关系, 之后详细介绍每个模块实现的功能, 设计数据表的详细信息, 最后实现系统, 并展现系统各个页面。

7.1 需求分析

校园二手商品交易 App 中, 没有注册的用户以游客的身份进入 App 的主页面, 搜索查询自己想要的二手商品、查看商品的详细信息、查看商品的分类; 游客注册之后就成为注册用户, 登录之后可以发布自己的二手商品、删除或者编辑自己的商品、查看发布的商品、点赞或收藏商品、查看点赞或收藏的商品、购买或者出售商品、查看购买或出售的商品、给商品发布者留言、回复其他注册用户的留言、与卖家私聊、对自己的个人资料进行修改; 在此系统中还有一个非常重要的角色就是管理员, 管理员管理用户的个人基本信息、管理用户发布的二手商品、管理商品的分类名称和详细信息。

7.2 系统整体设计

系统整体设计主要是设计系统的功能模块, 用流程图展示模块具体处理过程, 并将系统数据表之间的关系用 E-R 图展示出来。

7.2.1 整体功能模块设计

图 7-1 中的所有功能都需要系统完成, 或者说这些功能的实现构成了校园二手商品交易 App 的功能范围。首先, 系统分为前台和后台两个大模块, 然后再细分较小的模块, 再细分每个模块实现的功能。系统前台主要有用户管理模块、用户留言和回复模块、购买模块、商品管理模块、商品点赞和收藏模块、主页模块、私信模块, 主要功能有用户注册、用户登录、用户修改个人信息、发布商品、编辑或删除商品、用户留言、用户回复、用户私信、用户购买等, 系统后台主要有后台管理模块, 主要功能有管理用户信息、管理商品分类和管理商品信息。

7.2.2 数据表的 E-R 图

一般情况下在生成数据库之前, 会先设计 E-R 图。E-R 图也称实体-联系图 (Entity Relationship Diagram), 提供了表示实体类型、属性和联系的方法, 用来描述现实世界的概念模型, 通过 E-R 图可以知道数据表之间的关系。图 7-2 是本系统数据库的 E-R 图。本系统总共创建了 10 张数据表, 分别是用户信息表、商品发布表、商品图片表、消息表、留言表、回复表、私信表、商品点赞表、商品收藏表、买到的商品列表。

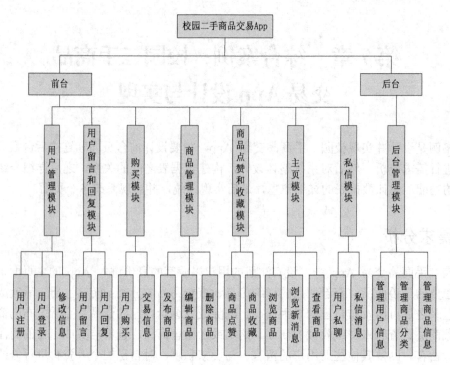

图 7-1　系统功能图

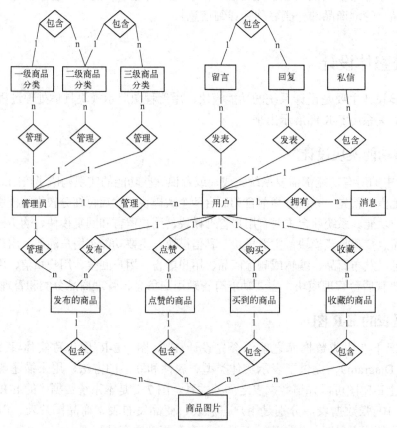

图 7-2　E-R 图

7.3 系统详细设计

系统详细设计包括系统模块说明，说明该模块需要实现什么功能，用流程图说明该模块的处理过程；系统数据表的详细设计，将数据表的每个属性的长度、类型用列表的形式说明。

7.3.1 系统前台模块设计

前台模块包含主页模块、用户管理模块、商品管理模块、商品点赞和收藏模块、用户留言和回复模块、私信模块、购买模块。

1．主页模块

主页模块主要用于游客和注册用户浏览 App 发布的信息；搜索自己喜欢的二手商品，可以按照价格的升序和降序排列搜索的商品，可以将商品的价格划分在一定区间内来检索商品；浏览主页推荐的二手商品，查看二手商品的详细信息；查看二手商品的分类信息。该模块的流程图如图 7-3 所示。

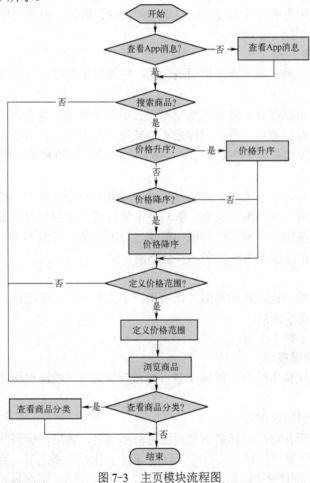

图 7-3　主页模块流程图

2．用户管理模块

用户管理模块主要包含用户注册、用户登录和用户个人信息修改。

（1）用户注册

游客转变为注册用户，包含注册人的手机号、昵称、密码、学校、学院、地址、年级，一个手机号只能注册一次，每个用户的昵称不能重复，昵称限制在 4～10 个字符，由中英文和数字组成，密码是由 6 位字母和数字组成的。用户输入手机号，如果用户已经注册，提示"用户已经注册，请直接登录！"如果用户未注册，则需要填写自己的昵称、密码、学校、年级、学院、收货地址，注册成功后跳转到登录页面，然后直接登录进入"我的页面"。

（2）用户登录

注册用户通过登录页面进行登录，包含用户的手机号和密码，密码是由 6 位字母和数字组成的。用户输入手机号，如果是未注册先登录，则会提示用户去注册。如果用户忘记密码，则可以进入重置密码页面重置密码。用户登录成功之后会提示用户登录成功，进入"我的页面"，用户的登录状态更改为"在线"，用户可以在"我的页面"中修改个人的头像。如果用户想要退出登录，则可以进入设置页面，退出当前用户 id，用户的登录状态为"下线"。

（3）用户个人信息修改

在设置页面中单击账户设置，进入个人资料页面，修改用户个人资料，可以修改用户的头像、用户的昵称、用户所在的学校、用户所在的学院、地址，用户的年级。

该模块的流程图如图 7-4 所示。

3．商品管理模块

商品管理模块主要是在商品详细页面进行的，包含商品发布、商品编辑和商品删除。

（1）商品发布

注册用户登录后可以在商品发布页面发布自己的二手商品，包含二手商品的标题、详细信息、原价、售价、商品图片，商品的标题不能超过 30 个字，并且不能为空，商品图片最多上传 6 张，商品详细信息少于 300 个字，并且不能为空，原价和售价也不能为空。

（2）商品编辑

注册用户登录之后，在个人发布的商品页面中查看用户个人发布的商品，可以对发布的二手商品进行编辑。进入商品编辑页面，编辑商品的标题、详细信息、原价、售价、删除商品图片或上传添加商品图片，商品的标题不能超过 30 个字，并且不能为空，商品图片最多上传 6 张，商品详细信息少于 300 个字，并且不能为空。

（3）商品删除

注册用户登录之后，在"我的页面"单击用户个人发布的二手商品，进入发布的商品页面，删除用户自己发布的商品。

该模块的流程图如图 7-5 所示。

4．商品点赞和收藏模块

商品点赞和收藏模块主要是在商品详细页面和点赞页面、收藏页面进行的，包含商品点赞和商品收藏。

（1）商品点赞逻辑实现过程

注册用户登录之后在商品的详细信息页面对商品点赞。如果注册用户不是商品发布者，则可以在商品的详细信息页面对商品点赞，只能点赞 1 次，点赞之后，商品的点赞个数会增加 1 个。互动消息也同时发送给商品的发布者，互动消息在消息页面显示，商品的发布者就会知道对自己商品点赞的人。注册用户也可以在商品的详细页面取消点赞，还可以在"我的页面"中查看点赞的商品，进入点赞商品页面，对商品取消点赞，点赞个数会减少 1 个。如果注册用户是商品发布者，则不可以对自己的商品点赞。

该模块的流程图如图 7-6 所示。

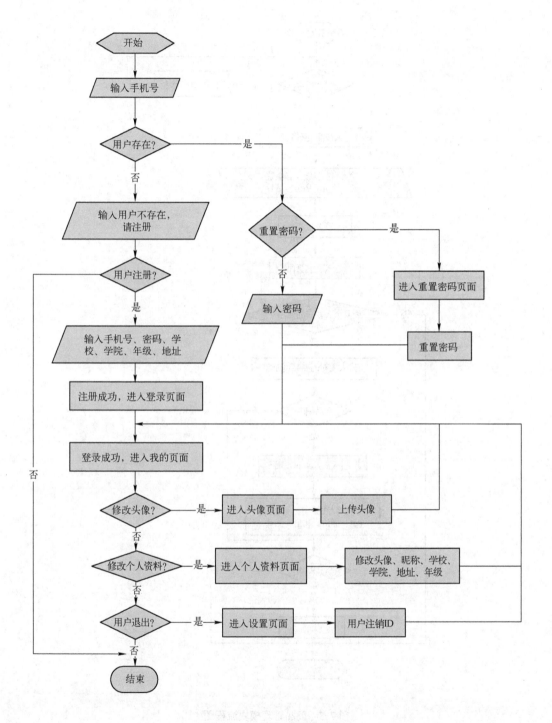

图 7-4　用户管理模块流程图

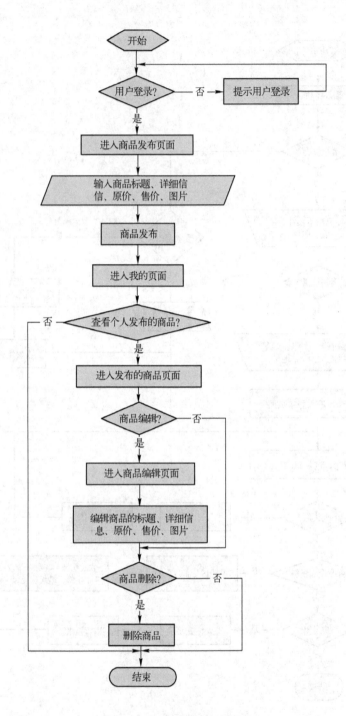

图 7-5　商品管理模块流程图

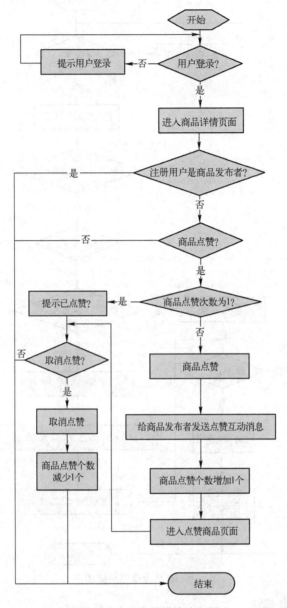

图 7-6　商品点赞模块流程图

（2）商品收藏逻辑实现过程

注册用户登录之后，可以在商品详细页面中对商品收藏。如果注册用户不是商品发布者，则可以在商品的详细信息页面对商品收藏，只能收藏一次。收藏之后，互动消息也同时发送给商品的发布者，互动消息在消息页面显示，商品的发布者就会知道对自己商品收藏的人。注册用户也可以在商品的详细页面取消收藏，还可以在"我的页面"中查看收藏的商品，进入收藏商品页面，对商品取消收藏。如果注册用户是商品发布者，则不可以对自己的商品收藏。

该模块的流程图如图 7-7 所示。

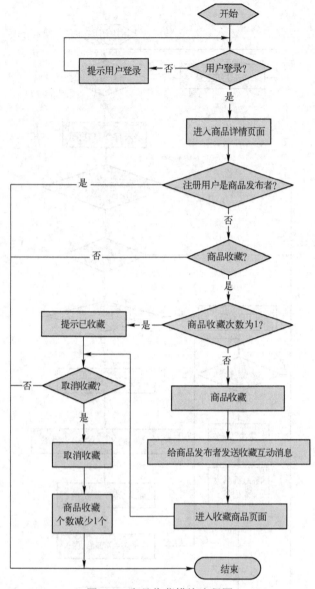

图 7-7 商品收藏模块流程图

5. 用户留言和回复模块

用户留言和回复模块主要是在商品的详细信息页面的留言板块进行，包含用户留言和用户回复，注册用户登录之后才可以进行留言和回复。

（1）用户留言逻辑实现过程

包含留言用户昵称、留言用户头像、留言时间、留言内容。注册用户和商品发布者都可以在商品详细页中留言，同时商品的留言个数增加 1 个。每个用户可以删除自己的留言，同时商品的留言个数减少 1 个，如果注册用户留言有回复，则删除自己留言时，会显示"该留言已删除"，并且之后其他用户不可以给这个留言回复；如果没有回复，则直接删除，商品的留言个数减少 1 个。

该模块的流程图如图 7-8 所示。

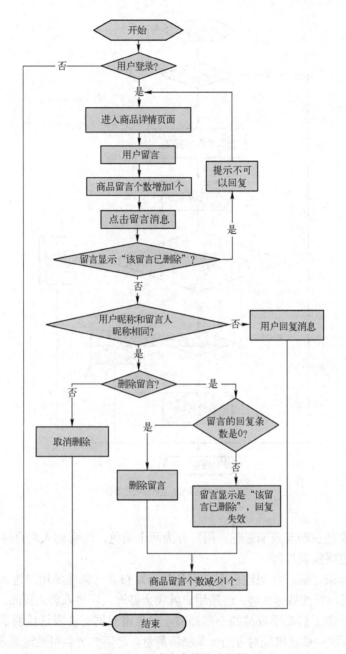

图 7-8　用户留言模块流程图

（2）用户回复逻辑实现过程

　　包含回复用户头像、回复用户昵称、回复内容、回复时间、回复对象昵称。注册用户和商品发布者都可以在商品详细信息页面中回复他人的留言，注册用户可以对他人的留言回复，但不可以对自己的留言回复。用户回复消息可以直接删除，如果用户回复的留言显示"该留言已删除"，并且该留言只有这一条回复时，删除回复的同时留言也被删除。

　　该模块的流程图如图 7-9 所示。

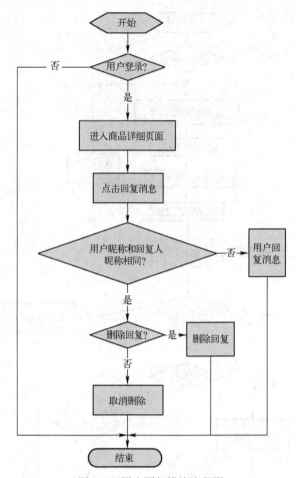

图 7-9　用户回复模块流程图

6. 私信模块

私信模块主要是在聊天页面进行，用户分为两个角色，即咨询人和商品发布者。

（1）咨询人逻辑实现过程

注册用户在登录之后，如果注册用户不是商品发布者，则注册用户进入商品详细信息页面中。如果注册用户对商品感兴趣，注册用户就成为咨询人，进入聊天页面，可以与商品发布者单独聊天，进一步了解二手商品的一些细节，私信消息同时会发送给商品的发布者和咨询人，二者的消息页面中都会出现对方的一条私信消息，之后二者就可通过这条私信消息来相互联系。如果注册用户是商品发布者，则进入自己的商品详细信息页面，没有私信这个功能。

（2）商品发布者逻辑实现过程

商品发布者在登录之后，进入自己的消息页面中看到私信消息之后，进入聊天页面，回复咨询人，由于二者的消息页面中都已经出现对方的一条私信消息，之后二者就可通过这条私信消息来相互联系。

该模块的流程图如图 7-10 所示。

7. 购买模块

购买模块主要是在商品详细信息页面和购买页面进行，用户分为两个角色，即卖家和买家。

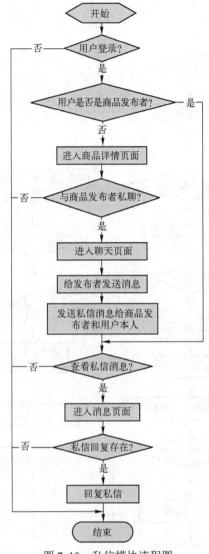

图 7-10　私信模块流程图

（1）买家逻辑实现过程

注册用户登录之后，如果注册用户不是商品发布者，则注册用户进入商品详细信息页面中。如果注册用户想要购买商品，则注册用户成为买家，可直接单击购买按钮，进入购买页面，会出现一个购物订单，订单信息包括商品的图片、商品的价格、购买人的昵称、购买人的手机号、购买人的收货地址、订单实付的价格、卖家的昵称、卖家手机号、卖家地址，交易成功之后交易信息就会同时发送给交易双方，在交易双方的消息页面中显示出来。买家可以在消息页面中查看交易信息，也可以在"我的页面"中查看自己买到的商品。

（2）卖家逻辑实现过程

卖家可以在消息页面中查看交易信息，交易信息包括卖家的手机号、卖家的昵称、买家的手机号、买家昵称、买家收货地址、订单总价，在"我的页面"中查看自己卖出的商品。如果注册用户是商品发布者，则进入注册用户自己的商品详细信息页面时，没有购买这个功能。

该模块的流程图如图 7-11 所示。

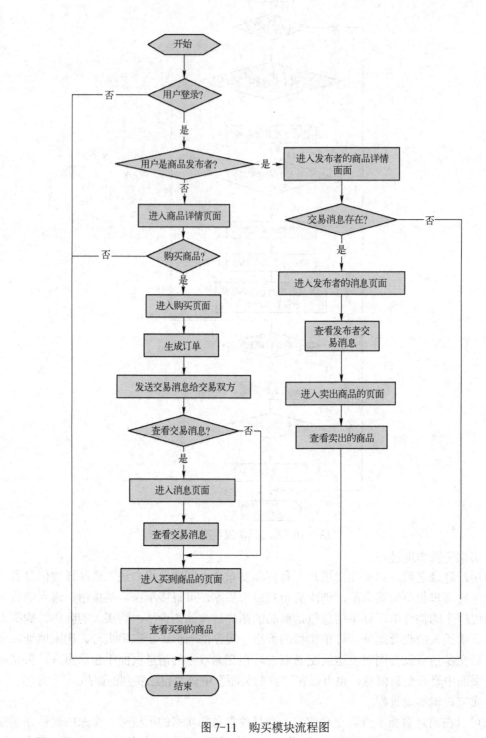

图 7-11　购买模块流程图

7.3.2 系统后台模块设计

后台模块包含后台管理模块，是只允许后台管理人员进入的。后台管理人员登录名和密码默认都为"admin"。

后台管理模块主要是在后台页面进行，管理者通过登录进入后台。管理者可管理注册用户的个人资料，但是不可以修改用户的个人资料；管理二手商品的分类信息，编辑商品分类；管理用户发布的二手商品信息，但是不可以修改用户的二手商品信息。

该模块的流程图如图 7-12 所示。

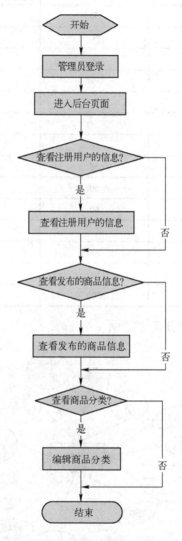

图 7-12 后台管理模块流程图

7.3.3 系统数据表的详细设计

本系统总共有 13 张数据表，分别是用户信息表（user）、商品发布表（publish_thing）、商品图片表（publish_img）、消息表（notice）、用户留言表（messagess）、商品点赞表（like_thing）、商品收藏表（collection）、用户回复表（interactionss）、用户私信表（chating）、用户买到的商品列表（buyed）、商品一级分类表（rootclassdata）、商品二级分类表（secondclassdata）、商品三级分类表（threeclassdata），这里仅展示其中 3 张数据表。

1. 用户信息表（user）

用户信息表主要是用来保存用户个人基本信息，详细设计如表 7-1 所示。

表 7-1 用户信息表

字 段 名	类 型	长 度	是否为空	备 注
fid	varchar	50	否	主键
fname	varchar	50	是	用户名
fpassword	varchar	50	是	用户密码
imgurl	varchar	300	是	用户头像
createtime	datetime		是	用户注册时间
logintime	datetime		是	用户登录时间
repassword	varchar	50	是	用户再次输入的密码
area	varchar	50	是	年级
fphone	varchar	50	是	手机号
loginState	varchar	50	是	用户状态
offTime	datetime		是	下线时间
address	varchar	300	是	收货地址
school	varchar	300	是	学校
college	varchar	300	是	学院

用户信息表的实体属性图如图 7-13 所示。

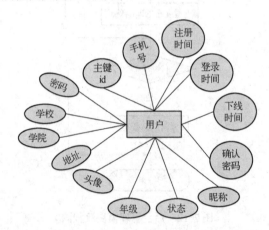

图 7-13 用户信息表的实体属性图

2. 商品发布表（publish_thing）

商品发布表主要是用来保存用户发布商品的基本信息，详细设计如表 7-2 所示。

表 7-2　商品发布表

字　段　名	类　型	长　度	是否为空	备　注
p_id	varchar	100	否	主键
p_userName	varchar	100	是	商品主人昵称
p_userPhone	varchar	100	是	商品主人手机号
p_userImg	varchar	100	是	商品主人头像
p_area	varchar	100	是	年级
p_title	varchar	100	是	商品标题
state	varchar	50	是	商品状态
alterTime	datetime		是	商品修改时间
p_information	varchar	400	是	商品详细信息
p_img	varchar	400	是	商品第一张图片
p_uimg	varchar	400	是	商品第二张图片
p_timg	varchar	400	是	商品第三张图片
p_price	double		是	商品售价
p_oldPrice	double		是	商品原价
createTime	datetime		是	商品发布时间
freight	double		是	商品运费
likes	int	11	是	商品喜爱个数
mess	int	11	是	商品留言个数
address	varchar	100	是	用户收货地址

商品发布表的实体属性图如图 7-14 所示。

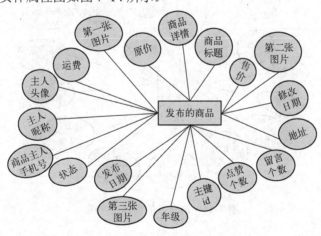

图 7-14　商品发布表的实体属性图

3．消息表（notice）

消息表主要保存注册用户接收到的互动消息、购买消息、私信消息，详细设计如表 7-3 所示。

表 7-3　消息表

字 段 名	类 型	长 度	是否为空	备 注
n_id	varchar	50	否	主键
n_type	varchar	50	是	消息类型
n_img	varchar	50	是	消息的图名
fphone	varchar	50	是	发送方的手机号
f_img	varchar	300	是	发送方的头像
f_name	varchar	100	是	发送方的昵称
bphone	varchar	100	是	接收方的手机号
b_img	varchar	400	是	接收方的头像
b_name	varchar	100	是	接收方的昵称
u_phone	varchar	50	是	商品主人的手机号
u_img	varchar	400	是	商品主人的头像
u_name	varchar	400	是	商品主人的昵称
p_title	varchar	400	是	商品的标题
p_img	varchar	400	是	商品的图片
mess	varchar	400	是	消息的内容
date	datetime		是	消息的创建时间

消息表的实体属性图如图 7-15 所示。

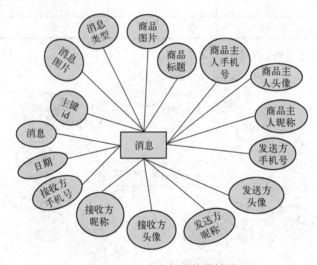

图 7-15　消息表的实体属性图

7.4　系统实现

经过系统整体设计之后需要将系统功能实现，系统实现主要包括代码的编写、数据库的编写以及系统的测试等工作。

7.4.1 系统数据库的链接

本系统主要基于 WeX5 框架，使用 Studio 开发工具完成。由于 WeX5 自带 MySQL 数据库，所以后台数据库操作相对简单。如果需要与后端数据库进行交互的话，就需要在 w 文件中使用 bassData 组件，bassData 增加了与后台的交互接口：tableName 是数据库中的数据表，url 是服务地址，queryAction 和 saveAction 是系统自带的对数据库的查询操作和保存操作。在 MySQL 数据库管理工具中新建数据库，在数据库下新建数据表，本系统共有 10 个数据表，在服务器端配置数据源，新增数据源，配置 baas，新建 Baas 服务，在 baas 目录下新建数据表的服务文件，添加数据表的保存和查询功能，之后需要对 bass 模型编译，编译之后可以在前端页面模型 UI2 中的 w 文件创建 baasdata 组件并绑定数据库表。由于不同的 w 文件中会用到不同的数据表，因此也会创建不同的 bassdata 组件，前台与后端的联系主要是通过 bassdata 组件。

7.4.2 系统界面

本系统包含在 UI2 目录下新建文件夹 mygraduate 内，根据每个模块功能创建对应的前端页面和后台代码，在.w 文件中拖拽组件，在.css 文件中编写组件的样式，在.js 文件中编写后台代码。

1. 系统主页

1）创建首页文件：在 mygraduate 目录下直接创建首页 index.w 文件，同时生成主页 main.w 文件，生成 main.w 文件的同时自动生成 main.js、main.css 文件。主页界面如图 7-16 所示。

图 7-16 系统主页界面

2）创建 main 文件夹：在 mygraduate 目录下创建 main 文件夹。

3）在 main 文件夹下创建所需文件：在 main 文件夹下创建商品分类页面（classes.w）、查找商品页面（search.w）、商品列表页面（list.w）、商品详细信息页面（dePage.w）、购买商品页面（buy.w）、购买订单页面（deal.w），在生成 w 文件的同时生成对应的 js 文件和 css 文件。main 文件夹目录如图 7-17 所示。

4）创建页面组件：panel 部分添加 contents 组件，在 contentes 组件中添加两个 content 组件，并在每个 content 组件添加一张图片，这样形成两张图片轮播；button 组件表示商品分类；input 组件输入查找商品；添加 row 组件，在每列添加图片 image 和文字 span，表示分类；添加 list 组件，在 li 下添加 row 组件，添加图片 image、output 组件、文字 span，表示发布者和发布商品的信息；添加 windowDialog 组件，绑定商品详细信息页面。bottom 部分添加 buttonGroup 组件，添加 4 个 button 组件。

5）绑定数据：推荐的商品是通过用 list 组件绑定商品发布表，根据要求设置过滤条件，刷新数据得到符合条件的商品显示在前台页面中。

6）单击事件：单击轮播图片，进入 App 详细信息页面；单击商品分类，进入商品分类页面（.classes.w）；搜索商品是通过单击搜索框 input 组件进入商品查找页面（search.w），在查找页面的 input 组件中输入关键字，单击搜索 button 组件，进入商品列表页面（list.w）；单击推荐商品行，用 windowDialog 组件打开商品详细信息页面，将商品信息和发布者手机号传送出去。

7）单击推荐商品行 js 代码：

```
//进入商品详情页面
Model.prototype.row18Click = function(event){
        var row = event.bindingContext.$object;    //获取当前行
        if(this.phone==row.val("p_userPhone")){
            this.comp("windowDialog2").open({
                "data":{"rowData":row.toJson(),    //将当前行信息转换为 json 格式
                    "phone" :this.phone
                }
            });
        }else{
            this.comp("windowDialog1").open({
                "data":{
                    "phone":this.phone,
                    "rowData":row.toJson()
                }
            });
        }
};
```

上述代码是从系统主页进入商品详情页面，单击商品所在行，获取当前行的商品信息（event.bindingContext.$object）。如果用户是商品发布者，用 windowDialog2 组件打开对话框，进入商品发布者自己的商品详情页面（detail.w）；如果不是，用 windowDialog1 组件打开对话框，进入普通商品详情页面，将用户的手机号和当前行商品的信息以 json 的形式传送

到商品详情页面，如图 7-18 所示。

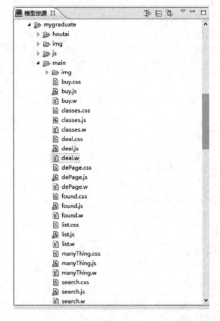

图 7-17　main 文件夹目录

图 7-18　商品分类界面

2. 用户注册

1）创建文件：用户注册页面（registe.w）是在 mygraduate 文件夹下直接创建的，注册信息包含手机号、密码、确认密码、昵称、学校、学院、地址、年级，界面如图 7-19 所示。

2）添加页面组件：rgiste.w 页面添加 input 组件输入数据，并为 input 组件绑定事件，年级用到 select 组件。

3）绑定数据：select 组件绑定 data 数据组件，data 有两个属性，分别是 id 主键和 area 年级，data 有 4 条数据，分别是大一、大二、大三、大四，select 组件的下拉数据 bind-options 关联数据组件 data 属性 area，下拉显示 4 条数据。

4）组件绑定事件：input 组件绑定 onChange 值改变事件，监测 input 组件数据输入是否符合要求。

5）单击事件：单击"注册"按钮，用户表用 newData 方法新建一条数据，用 saveData 方法将输入的数据保存到 userData 数据表中，并用 clear()方法将 input 组件输入的数据清空，页面中的 input 不会显示数据，注册成功后会通过 justep.Shell.showPage()方法进入"我的页面"，并将所需要的数据传送到"我的页面"。

6）注册按钮 js 代码：

```
Model.prototype.registeBtnClick = function(event){
        var a=this.comp("phoneInput").val();    //手机号
        this.phone=a;
        var b1=this.comp("pswInput1").val();    //密码
        var b2=this.comp("pswInput2").val();    //确认密码
```

```
        var c=this.comp("input1").val();        //昵称
        var e=this.comp("input2").val();        //学校
        var d=this.comp("input3").val();        //地址
        var f=this.comp("input4").val();        //学院
        var g=this.comp("select1").val();       //年级
        var userData=this.comp("userData");
        var rows=userData.find(['fphone'],[a]);
        if(a != "" && b1 != "" && b2!="" && c!=""&& d!=""&& e!=""&& f!=""&& g!=""){
                if(rows.length>0){
                        alert("您已注册，请登录！");}
                else{
                        userData.newData({        //创建一条新数据
                            "defaultValues" : [{
                                    "fid" : justep.UUID.createUUID(),
                                    "fphone" : a,
                                    "fpassword" : b1,
                                    "repassword" : b2,
                                    "address":d,
                                    "fname":c,
                                    "school":e,
                                    "createtime" : new Date(),
                                    "imgurl":"./img/tou.jpg",
                                    "college" : f,
                                    "area" : g
                            }]
                        });
                        userData.saveData({
                            "async":true    //异步
                        });
                }
        }else{
                alert("请您填写信息！");
        }
    };
```

以上代码是用户注册的代码，注册页面的所有信息不能为空，用"var rows=userData. find(['fphone'],[a])"语句查找 userData 数据表中手机号与输入的手机号相同的数据，rows.length 是查找数据的行数，如果大于 0，则说明该用户注册过，直接登录；如果小于 0，则用户成功注册，数据表用 newData 方法创建一条新的数据，用 saveData 方法将这条数据保存到数据库中。

3．用户登录

1）创建文件：用户登录（login.w）是在 mygraduate 文件夹下直接创建的，同时生成 js 文件和 css 文件，界面如图 7-20 所示。

2）添加页面组件：用户登录页面中添加两个 input 组件，用于输入手机号和密码，添加 button 组件，设置为"登录"按钮，添加 row 组件，总共两列，第一列插入 span 组件，text 属性值为"没有账号，去注册哦！"，第二列插入 span 组件，text 属性值为"忘记密码"。

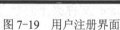

图 7-19　用户注册界面

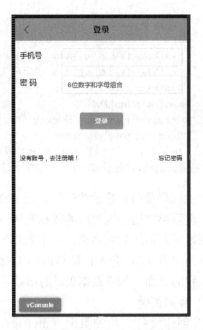

图 7-20　用户登录界面

　　3）单击事件：单击"登录"按钮，判断是管理员还是普通用户。如果是管理员，进入后台页面（houtai.w）；如果是普通用户，用正则表达式判断用户手机号格式是否正确，再通过用户表过滤刷新判断手机号是否注册，若刷新后的用户表行数小于 0，说明用户信息不存在。单击文本"没有账号，去注册哦！"进入注册页面（registe.w）；单击文本"忘记密码"，进入重置密码页面（reset.w）重置密码，重置密码页面的 onParamsReceive 事件接收手机号参数，用户表过滤刷新。

　　4）登录按钮 js 代码：

```
//登录成功之后进入我的页面
justep.Shell.showPage("myPage", {
        from:"login",
        phone : a,
        imgurl:userData.val("imgurl")
        })

var a=this.comp("phoneInput").val();
var b=this.comp("password").val();
userData.clear();
userData.setFilter("filter1", "fphone='"+a+"'");
userData.setFilter("filter2", "fpassword='"+b+"'");
userData.refreshData();
userData.getCurrentRow();
if(userData.count()>0)
{alert("手机号为"+this.comp("userData").val("fphone")+"登录成功！");
justep.Shell.showPage("myPage", {              //跳转到我的页面
from:"login",
phone : a,                                      //手机号
```

```
    imgurl:userData.val("imgurl")                        //头像
    })
    userData.setValue("logintime",new Date());          //修改登录日期
    userData.setValue("loginState","登录");              //修改登录状态
    userData.saveData();                                 //保存数据
    userData.refreshData();                              //刷新数据
    this.comp("phoneInput").clear();                     //手机号输入框清空
    this.comp("password").clear();                       //密码输入框清空
    }else {alert("对不起，手机号"+a+"或密码不正确，登录失败！");}
    }else{alert("对不起！手机号还没有注册！"+a+"请注册！");}
```

以上代码是用户登录的代码，用 setFilter 方法过滤出手机号与数据表 userData 里相同的数据，然后再对这个过滤后的数据表用 setFilter 方法过滤出与输入的密码相同的数据，对数据表刷新得到最终数据结果，如果数据表的行数大于 0，则说明登录成功，将用户的登录状态修改为"登录"，登录日期修改为当前日期，跳转到我的页面，将用户的手机号、头像信息传入我的页面，如果数据表的行数小于 0，则说明登录不成功，提示用户登录失败。

4．我的页面

1）创建文件：我的页面（myPage.w）是在 mygraduate 文件夹下直接创建的，界面如图 7-21 所示。

2）创建 my 文件夹：在 mygraduate 文件夹下创建 my 文件夹。

3）my 文件夹下创建所需文件：在 my 文件夹下创建个人信息页面（account.w）、买到的商品页面（buyed.w）、收藏商品页面（collection.w）、点赞商品页面（likeThing.w）、发布商品页面（myPut.w）、卖出商品页面（sale.w）、头像裁剪页面（pictureCut.w）、设置页面（setting.w）。my 文件夹目录如图 7-22 所示。

图 7-21 "我的页面"未登录界面

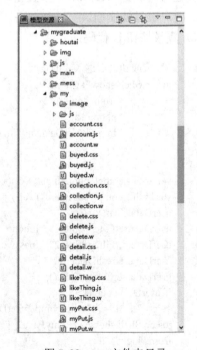

图 7-22 my 文件夹目录

4）添加页面组件：我的页面 panel 部分添加 image 图片，设置为头像图片，添加 button 按钮设为"马上登录"按钮，添加 span 组件，用于显示用户昵称，我的点赞、我的收藏、我的卖出、我的买到、设置这 5 项都是用 row 组件创建的，添加 windowDialog 组件。

5）绑定页面：windowDialog 组件的 src 属性绑定头像裁剪页面（pictureCut.w）。

6）单击事件：单击头像图片，用 windowDialog 组件的 open()方法打开头像裁剪页面（pictureCut.w）并传送手机号参数。单击"马上登录"按钮，进入登录页面（login.w）；登录成功之后将手机号返回给"我的页面"，"我的页面"用 onParamsReceive 事件接收数据。"我的页面"界面如图 7-23 所示。单击"我的点赞"或"我的收藏"等 5 行，单击每行会进入不同的页面。单击头像图片的 js 代码：

```
//头像图片单击事件
Model.prototype.image1Click = function(event){
        var userData=this.comp("userData");
        if(this.phone!=""){
        this.comp("windowDialog1").open({                    //进入头像裁剪页面
        data : this.phone
            });
        }else{alert("您还未登录，请先登录！");}
    };
//参数接收事件 onParamsReceive
        this.phone = this.params.phone;
        this.comp("userData").setFilter("filter1", "fphone='" + this.phone + "'");
        this.comp("userData").refreshData();
        this.comp("userData").getCurrentRow();
        this.comp("userData").val("loginState");
        var a=this.comp("userData").val("fname");
        $(this.getElementByXid('loginBtn')).css({"display" : "none"});    //登录按钮
        $(this.getElementByXid('span7')).css({"display" : ""});        //昵称文本
        this.getElementByXid("span7").innerHTML=a;
```

这段代码中，头像图片单击事件中，如果用户手机号为空，则会提示用户未登录；如果不为空，用 windowDialog 对话框组件打开头像裁剪页面，并传送手机号参数，头像裁剪页面接收事件 onParamsReceive 是接收手机号参数，并用 userData 的 setFilter 方法筛选出与参数手机号相同的数据，刷新数据表得到这条数据，获取当前行数据，将登录按钮的 css 样式设置为不显示在页面中，将当前行的"fname"值赋值给 span 的文本，并将 span 的 css 样式设置为在页面显示。

5. 商品详细信息页面

1）创建文件：商品详细信息页面（dePage.w）是在 main 文件夹下直接创建，商品信息界面如图 7-24 所示，用户留言界面如图 7-25 所示。

2）添加页面组件：在页面 panel 部分添加 image 组件、output 组件、span 组件、list 组件，页面的 bottom 部分添加 row 组件，总共 5 列，每列添加一个 button 组件，每一个 button 组件绑定单击事件，添加 input 组件，用于输入留言信息，添加 button 按钮，用于发送消息。

图 7-23 "我的页面"登录后界面

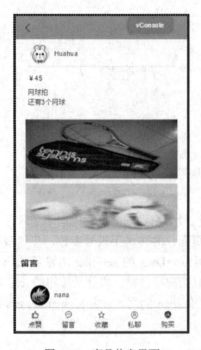

图 7-24 商品信息界面

图 7-25 用户留言界面

3）绑定商品信息数据：output 组件、span 组件、image 组件绑定商品发布表的属性，在页面显示商品详细信息，list 组件绑定商品图片表，设置过滤条件筛选出一个商品图片。

4）绑定留言信息数据：list 组件绑定用户留言表，设置过滤条件，筛选出该商品的用户留言；在 list 组件中再添加 list 组件绑定用户回复表，设置过滤条件，筛选出该商品的用户回复。

5）单击"点赞"按钮，商品点赞表用 find()方法查找，判断是否点赞，若没有点赞，则商品点赞表新增一条数据，消息表新增一条互动消息类型的数据；若已经点赞，则弹出popOver 框，取消点赞或保留点赞。

6）单击"收藏"按钮，商品收藏表用 find()方法查找，判断是否收藏，若没有收藏，则商品收藏表新增一条数据，消息表新增一条互动消息类型的数据；若已经收藏，则弹出popOver 框，取消收藏或保留收藏。

7）单击"留言"按钮，输入留言信息，单击发送按钮，判断是留言还是回复，如果是留言，留言表创建一条新的数据并保存；如果是回复，回复表创建一条数据并保存，异步显示在页面中。

8）单击"私聊"按钮，进入私信页面（chat.w），并传送商品 id、咨询人手机号、发布者手机号。

9）单击"购买"按钮，进入购买页面（buyed.w）。

主要代码（商品收藏）：

```
Model.prototype.button3Click = function(event) {
this.comp("thingData").getCurrentRow();
this.comp("userData").setFilter("filter4", "fphone='"+this.phone+"'");
this.comp("userData").refreshData();
this.comp("userData").getCurrentRow();
if(this.phone!=""){
if (this.fphone == this.phone) {
alert("你不能收藏自己的宝贝哦！");
} else {
var b = this.comp("thingData").val("p_img");
var c=this.comp("thingData").val("p_uimg");
var rows = this.comp("collecData").find([ 'fphone','user_phone', 'thing_title', 'thing_price', 'thing_img'],
[this.phone, this.fphone, this.title, this.price, b]);
if (rows.length > 0) {
this.comp("collecPopOver").show();
} else {
this.comp("collecData").newData({
"defaultValues" : [ {
"c_id" : justep.UUID.createUUID(),
"user_img" : this.userImg,
"user_phone" :this.fphone,
"user_name" : this.userName,
"thing_title" : this.title,
"thing_price" : this.price,
"thing_img" : b,
"thing_uimg" : c,
"thing_timg" : this.comp("thingData").val("p_timg"),
"fphone" : this.phone,
"fname" : this.comp("userData").val("fname"),
```

```
"fimg" : this.comp("userData").val("imgurl"),
"date" :new Date()
} ]
});
this.comp("collecData").saveData({
"onSuccess" : function(event) {
alert("收藏成功！");
}
});
}
} else{
justep.Shell.showPage("judge");
}
```

这段代码是收藏商品的代码，this.phone 是当前登录的用户手机号，this.fphone 是商品的发布者手机号，如果 this.phone 为空，则用户没有登录，会提示用户登录，否则如果当前用户是商品发布者，则会提示不可以收藏自己的商品；如果不是，则会用 find 方法查找 collecData 商品收藏数据库是否已经存在当前用户收藏发布者商品的数据，通过判断查找后数据的行数是否大于 0 来确定收藏，如果数据行数小于 0，则表明数据表 collecData 没有当前用户收藏这个商品的记录，因此可以用 newData 方法新建一条数据，并用 saveData 方法保存。

6．商品发布

1）创建文件夹：在 mygraduate 文件夹下新建 put 文件夹，put 文件夹目录如图 7-26 所示。

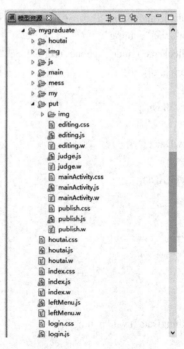

图 7-26 put 文件夹目录

2）创建文件：在 put 文件夹下创建商品发布页面 publish.w，界面如图 7-27 所示。

3）添加页面组件：页面的 panel 部分添加 input 组件用于商品的标题输入，详细信息用 textarea 组件输入，用两个 input 组件输入商品原价、售价，用 attachmentSimple 组件上传商品图片，添加 list 组件显示图片，添加 button 组件设为发布按钮。

4）绑定数据：attachmentSimple 组件绑定数据表 data 的一个属性；list 组件绑定商品图片表，设置过滤条件，显示该商品的图片。

5）数据组件绑定事件：关联 data 数据表数据改变后 onValueChanged 事件，将 attachmentSimple 组件上传的图片保存到商品图片表中。

6）单击事件：单击发布按钮将页面输入的信息保存到商品发布表中，将 input、textarea 组件数据都清空，页面不显示数据，页面跳转到我的页面，商品发布界面如图 7-28 所示。

图 7-27　商品未发布界面

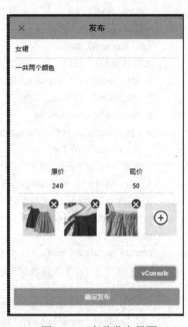

图 7-28　商品发布界面

主要代码（发布事件）：

```
Model.prototype.okBtnClick = function(event){
var imgData = this.comp("imgData");
var thingData = this.comp('thingData');
var userData = this.comp("userData");
userData.getCurrentRow();
var phone=userData.val("fphone");
this.title = this.comp("input1").val();
var a=this.comp("input1").val();        //标题
var b=this.comp("textarea1").val();      //详细信息
var c=this.comp("input3").val();        //商品原价
var d=this.comp("input4").val();        //商品售价
var f=imgData.count();        //imgData 商品图片表的数据行数
imgData.first();              //imgData 的第一行
```

```
if(a == "" || b=="" ||   c=="" || d=="")
{
        alcrt("标题、详细信息、原价、售价不能为空！");
}else{
        for(var i=0;i<f;i++){                    //imgData 重置标题、价格、详情
                imgData.setValue("p_thingTilte",a);                    imgData.setValue("p_price",d);
                imgData.setValue("p_information",b);
                imgData.saveData();
                imgData.next();
}
if(f>=3)
{
        imgData.first();
        imgData.getCurrentRow();
        thingData.newData({
        "defaultValues" : [{
        "p_id" : justep.UUID.createUUID(),
        "p_userName" : this.userName,    //用户昵称
        "p_userImg" : this.userImg,      // 用户头像
        "p_img":imgData.val("p_thingImg"),    //商品图片
        "p_userPhone" : phone,
        "p_title" :this.comp("input1").val(),
        "p_information":   this.comp("textarea1").val(),
        "p_oldPrice" : this.comp("input3").val(),        //商品原价
        "p_price" : this.comp("input4").val(),        //商品售价
        "state":"在售",                    //商品状态
        "createTime":new Date(),
        "likes":0,        //商品喜爱个数
        "mess":0,        //商品收藏个数
            "p_area" :   userData.val("area"),
            "address" :userData.val("address")
            }]
});
thingData.saveData();
thingData.getCurrentRow();
imgData.next();        //imgData 数据表下一条数据
imgData.getCurrentRow();
var r=imgData.getValue("p_thingImg");
this.comp("thingData").setValue("p_uimg", r);
this.comp("thingData").saveData();
this.comp("imgData").next();
this.comp("imgData").getCurrentRow();
var y=imgData.getValue("p_thingImg");
this.comp("thingData").setValue("p_timg", y);
this.comp("thingData").saveData();
}
justep.Shell.showPage("myPage");
```

```
this.comp("input1").clear();
this.comp("input4").clear();
this.comp("input3").clear();
this.comp("textarea1").clear();
this.comp("imgData").refreshData();
    }
};
```

这段代码是商品发布事件，标题、详情、原价、售价不能为空。由于商品的图片已经保存在 imgData 数据表中，因此需要用 imgData 的 setValue 方法将每一张图片的标题、价格、详情补充完整并保存，且需要将这个发布的商品保存到 thingData 数据表中。thingData 数据表只能保存 3 张图片，图片的属性名为"p_img""p_uimg""p_timg"，由此会分为 4 种情况，分别是图片个数是 3 个、2 个、1 个、0 个。这段代码只展现其中一种，即图片个数是 3 个的情况，用 imgData 的 first()方法获取 imgData 的第一行，然后用 thingData 的 newData 方法新建一条数据，将标题、原价、售价、详情等创建，将 imgData 数据表第一行的图片路径赋值给 thingData 新建数据字段"p_img"并保存，之后 next()方法取 imgData 的下一行，thingData 用 setValue()方法将 imgData 的获取行的图片路径赋值给 thingData 字段"p_uimg"。

7. 消息页面

1）创建文件：消息页面（mesPage.w）是在 mygraduate 文件夹下直接创建的，界面如图 7-29 所示。

2）添加页面组件：页面的 panel 部分添加 list 组件，在 list 组件的 li 下插入 row 组件，row 组件的第一列添加 image 组件，第二列添加 span、output 组件、image 组件。

3）绑定数据：list 组件绑定消息表，设置过滤条件，筛选出用户个人消息，第一列 image 组件关联消息图片，第二列 span 关联消息类型，output 组件关联日期，image 关联商品图片。

4）单击事件：由于消息分为互动消息、交易消息、私信消息，因此单击 row 组件，根据"event.bindingContext.$object"获取当前行信息，商品发布表通过过滤筛选得到商品的信息，根据消息类型会跳转到不同的页面，单击互动消息行，页面会跳转到商品信息页面；单击交易消息所在行，页面会调转到交易订单页面；单击私信消息所在行，页面会跳转到聊天页面。

主要代码：

```
var row=thingData.getCurrentRow();
if(rows.val("n_type")=="互动消息"){
this.comp("windowDialog2").open({
"data":{
"phone":this.phone,
"rowData":row.toJson()
    }
  });
}
```

```
if(rows.val("n_type")=="私信消息"){
//卖家
if(this.phone==rows.val('u_phone')){
var number=1;
justep.Shell.showPage("chat",{
"phone": this.phone,        //卖家
"pid":thingData.val("p_id"),
"number":number,
"fphone":rows.val("fphone")        //买家
});
}else{
//买家
var number=2;
justep.Shell.showPage("chat",{
"phone": this.phone,        //买家
"pid":thingData.val("p_id"),
"number":number,
"fphone":rows.val("u_phone")        //卖家
});
}
}
if(rows.val("n_type")=="交易消息"){
if(this.phone==rows.val('u_phone')){
    var number=1;
    justep.Shell.showPage("deal",{
    "from":"mesPage",
    "phone": this.phone,        //卖家
    "pid":thingData.val("p_id"),
    "number":number,
    "fphone":rows.val("fphone")        //买家
})
}else{
    var number=2;
    justep.Shell.showPage("deal",{
    "from":"mesPage",
    "phone": this.phone,    //买家
    "pid":thingData.val("p_id"),
    "number":number,
    "fphone":rows.val("u_phone")    //卖家
})
}
}
```

这段代码是根据单击行，获取当前行信息，若消息是互动消息，用对话框 windowDialog 组件将当前用户手机号和商品发布数据表的当前行以 json 形式传送到商品详情页面（detail.w）；若消息是私信消息，卖家序号为 1，买家序号为 2，将卖家与买家的手机号、商品 id、序号传送到聊天页面（chat.w）；若消息是交易消息，卖家序号为 1，买家序号为 2，

将卖家与买家的手机号、商品 id、序号传送到购买订单页面（deal.w）。

8．私聊页面

1）创建文件夹：在 mygraduate 文件夹下创建 mess 文件夹，mess 文件夹目录如图 7-30 所示。

图 7-29　消息页面界面

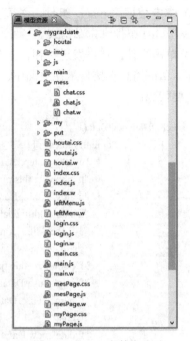

图 7-30　mess 文件夹目录

2）创建文件：在 mess 文件夹下创建私聊页面（chat.w），界面如图 7-31 所示。

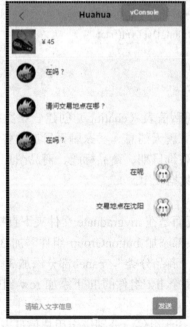

图 7-31　私聊页面界面

3）添加页面组件：页面的 title 部分添加 row 组件，第一列添加 image，显示商品图片，第二列添加 span，显示商品售价；页面的 panel 部分添加 list 组件；页面 bottom 部分添加 row 组件，总共三列，第二列插入 input 组件，用于输入私信消息，第三列插入 button 组件，设为发送按钮。

4）绑定数据：image 组件，关联商品发布表属性"p_img"，span 关联商品发布表属性"p_price"，list 组件绑定私信表。

5）单击事件：单击发送按钮，会将 input 组件的数据内容保存到私信表中，将私信表异步保存，私信消息直接显示在页面中。

主要代码：

```
chatData.newData({
        "defaultValues" : [{
                "c_id" : justep.UUID.createUUID(),
                "u_phone" : this.phone,              //卖家
                "u_img" : thingData.val("p_userImg"),
                "u_name":thingData.val("p_uscrName"),
                "u_chat" :this.comp("input1").val(),
                "u_date" :new Date(),
                "f_phone": this.fphone,              //买家
                "f_img" : userData.val("imgurl"),
                "f_name" : userData.val("fname"),
                "f_chat" :"",
                "f_date":new Date(),
                "p_title":thingData.val("p_title"),
                "p_img":thingData.val("p_img"),
                "p_information":thingData.val("p_information"),
                "p_price" :   thingData.val("p_price"),
                "p_state":thingData.val("state")
        }]
});
chatData.saveData({"async":true});
```

以上代码是在数据保存到私信表（chating）创建一条数据，包括主键 ID、卖家手机号、卖家头像、卖家昵称、卖家聊天消息、卖家聊天日期、咨询人头像、咨询人手机号、咨询人昵称、咨询人聊天消息、咨询日期、商品标题、商品图片、商品详细信息、商品状态、商品售价，创建之后并保存在数据表中。

9．后台管理

1）创建文件：后台管理页面是在 mygraduate 文件夹下直接创建，界面如图 7-32 所示。

2）添加页面组件：页面头部添加 buttonGroup 组件添加 3 个按钮，3 个按钮的 label 分别是"用户信息""商品信息""商品分类"，panel 部分添加 3 个 div，分别对应 3 个 button，每个 div 中添加 list 组件，在每个 list 组件的 li 下添加 row 组件，在 row 组件中添加 output 组件。

3）绑定数据：总共有 3 个 list 组件，分别绑定用户信息表、商品发布表和商品分类表，

li 下的 output 组件绑定数据表对应的属性。

4）单击事件：单击 div1 中一行数据，windowDialog 组件的 open()方法打开个人信息页面（account.w），将当前行 id 传送出去。单击 div2 中一行数据，windowDialog 组件的 open()方法打开商品详细信息页面（dePage.w），将用户手机号和当前行信息传送出去。

图 7-32　后台管理界面

7.5　本章小结

本章主要介绍了校园二手商品交易 App 的设计与实现，在 UI2 目录下创建应用文件，在.w 文件中拖拽组件，在.css 文件中修改样式，在.js 文件中增加方法事件，启动后台数据库，创建数据表，通过将前台页面与后台数据库连接起来，使整个系统功能逐步完善。

第8章 综合案例：在线学习App设计与实现

本章将要实现一个综合案例：在线学习 App 的开发，希望通过这个案例读者能更好地用 WeX5 框架开发软件项目。

8.1 系统需求分析

本节将通过功能和非功能需求分析两部分来对在线学习 App 做一个整体的需求分析。可以说一个软件开发设计项目，其中最重要的一个环节就是需求分析了。它直接关系着这个项目的成败。一个严谨科学的软件需求分析，可以让软件开发人员从整体设计角度进行分析，提高软件开发效率，缩短软件开发周期，避免不必要的人力物力损失。

8.1.1 功能需求分析

功能需求（Functional Requirement）规定开发人员必须在产品中实现的软件功能，用户利用这些功能来完成任务，满足业务需求。功能需求有时也被称作行为需求，因为习惯上总是用"应该"对其进行描述："系统应该发送电子邮件来通知用户已接受其预定"。功能需求描述是开发人员需要实现什么。注意：用户需求不会总是被转变成功能需求。

产品特性，所谓特性（Feature），是指一组逻辑上相关的功能需求，它们为用户提供某项功能，使业务目标得以满足。对商业软件而言，特性则是一组能被客户识别，并帮助他决定是否购买的需求，也就是产品说明书中用着重号标明的部分。客户希望得到的产品特性和用户的任务相关的需求不完全是一回事。一项特性可以包括多个用例，每个用例又要求实现多项功能需求，以便用户能够执行某项任务。

在线学习 App 的用户可以自由地浏览课程分类，进入课程学习；用户希望可以注册登录，并且能够选课，方便下次继续学习；对自己的课程进行管理；能对课程评论留言，编辑个人信息，写笔记，实现账号切换等一些学习功能，如图 8-1 所示。

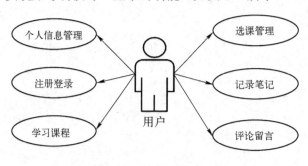

图 8-1 用户功能需求

整个系统围绕用户需求，合理分析出用户功能所需的数据，如表 8-1 所示。

表 8-1　功能数据需求分析

功能模块	描　述	输　入	处　理	输　出
注册功能	用于注册在线学习会员	输入账号、密码和密码确认	判断账号是否存在，检验两次输入密码是否一致	在数据库创建新的用户信息
登录功能	用于用户登录 App	输入账号、密码	判断账号是否存在，账号、密码是否匹配	登录成功，开放用户功能
学习课程	展示课程分类。根据分类信息选择想要学习的课程内容	选择好课程，跳转至对应的课程数据页面	查询课程 ID，读取课程信息数据	获得对应课程的课程信息
评论留言	已经登录注册的用户，可以在对应课程下评论留言。在个人中心页面查看已评论内容，删除已评论内容	在对应课程下输入评论留言内容	将用户 ID 和课程 ID 写入评论数据库表	查看评论，写评论，删除评论
记录笔记	已经登录注册的用户，可以在个人中心页面写学习笔记心得，删除已经写过的笔记	输入笔记内容	根据用户 ID，创建新的笔记数据信息	查看笔记，写笔记，删除笔记
选课管理	已经登录注册的用户，可以进行选课。在课程页面选择，可以添加到已选课程表中	单击选择课程按钮	将用户 ID 和课程 ID 加入到选课数据库表中	查看已选课程，进入课程学习，删除已选课程
个人信息	登录后，用户进入个人信息页面，可以查看修改个人信息	单击"个人信息"按钮跳转到对应界面	对相应用户数据库表信息项编辑信息	查看个人信息，编辑个人信息，注销账户，退出登录

以上这些功能，可以通过 WeX5 框架提供的 IDE 和数据库实现。

8.1.2　非功能需求分析

在系统工程及需求工程中，非功能性需求（Non-functional Requirement）是指根据一些条件判断系统运作情形或其特性，而不是针对系统特定行为的需求。和非功能需求相对的是功能需求，后者会定义系统特定的行为或功能。非功能需求也可以视为为了满足客户业务需求而需要符合，但又在功能需求以外的特性。

一般会在系统设计（Systems Design）中详细列出实现功能需求的计划，而会在系统架构（Systems Architecture）中详细列出实现非功能需求的计划。一般而言，功能需求会定义系统的行为，而非功能需求会定义系统的特性。

可行性分析是对工程项目进行系统技术经济论证，综合分析经济合理性的方法。其目的是通过对技术先进程度、经济合理性和条件可能性的分析论证，选择以最小的人力、物力、财力耗费，取得最佳技术、经济、社会效益的切实方案。它是解决项目投资前期分析的主要手段。

1．技术可行性

技术可行性是指决策的技术和决策方案的技术不能突破组织所拥有的或有关人员所掌握的技术资源条件的边界。做技术可行性分析时需注意全面考虑系统开发过程所涉及的所有技术问题，尽可能采用成熟技术，慎重引入先进技术，着眼于具体的开发环境和开发人员，技术可行性评价等问题。

本系统操作过程简单，一般通过一些简单的说明操作流程和练习使用，用户都可以使用和操作本系统完成工作目标。

在线学习 App 基于 WeX5 框架。通过使用 WeX5 框架时开发和测试的实际案例，不论是从前端页面的界面设计，还是后端数据库的设计开发，该框架完全可以开发出本章所要求的在线学习 App。

2．社会可行性

社会可行性是在特定环境下对项目的开发与实施。社会就是由许多个体汇集而成的有组织、有规则或纪律的相互合作的生存关系的群体。没有分工与合作关系的个体所聚集成的群体不称为社会。

在线学习 App 旨在为用户提供一种便捷的学习体验，使得用户能够学习到丰富多样的课程以及积极健康的知识，是对传统教育的一种创新尝试，对社会起到积极的影响。

3．法律可行性

法律可行性是指法律与社会现实条件相适应，能够在社会中产生与立法意图一致的作用的程度或状况，即法律在社会中可行的程度。

本章开发的在线学习 App 基于 WeX5 架构，该架构遵循 Apache 开源协议，代码完全开源免费。

8.2　系统整体设计

本节将根据需求分析，对在线学习 App 进行整体设计，包括业务流程、功能模块、权限设置、数据库设计和配置数据源及服务。

系统设计的目的是将系统设计阶段得到的目标系统的逻辑模型转换为目标系统的物理模型，该阶段得到工作成果——系统设计是下一个阶段系统实现的工作依据。

8.2.1　业务流程

在线学习 App 业务流程如下。

1）未登录的所有用户都可以浏览首页、课程分类、课程详细内容页、对应课程评论留言、相关课程推荐，学习课程内容。

2）登录系统：提供注册账号，登录账号系统。

3）登录后的会员用户在 1）的基础之上，可以浏览个人信息，编辑个人信息，注销账号，选课，课程管理（查看、增加或删除课程），评论管理，笔记管理（查看、增加或删除笔记），建议与反馈。

依据业务流程，设计如图 8-2 所示的在线学习 App 业务流程图。为了使流程图更加方便展现业务流程，虚线连接部分为实现登录、辨别用户身份后所能完成的功能。

8.2.2　功能模块

1．用户个人中心

本模块有以下权限设置。

游客：看不到具体界面，只保留"立即登录"按钮帮助用户跳转到"登录页面"。

会员：将显示个人资料、界面细节、功能按钮，"立即登录"按钮隐藏。

本模块主要实现以下两大功能。

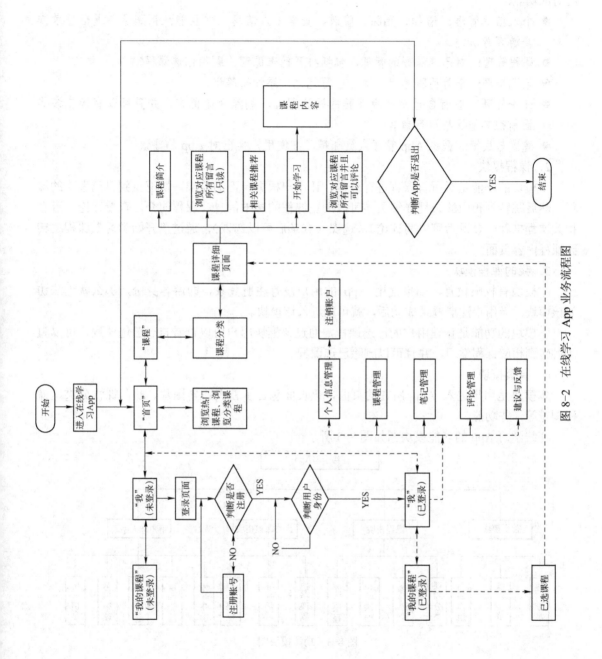

图 8-2 在线学习 App 业务流程图

1）注册登录。实现用户的注册登录，辨别用户身份，提供给用户独立的 App 使用体验。

2）个人中心模块功能。注册并且登录在线学习 App 的用户可以在"个人中心"模块使用对应功能：

- 个人信息管理：增加、删除、修改、查看个人信息，并且能注销账号，退出登录恢复游客身份。
- 课程管理：对已选课程的管理，包括打开已选课程、删除已选课程。
- 笔记管理：查看已写笔记，删除已写笔记，添加新笔记。
- 评论管理：查看自己对所有课程的评论留言，删除评论留言，并且可以直接在该界面前往其他课程进行留言。
- 建议与反馈：获得 App 管理人员邮箱，方便用户提出对 App 的建议。

2．课程模块

本模块的功能是对所有课程进行分类，让用户根据自己的需求，快速找到自己喜欢的课程。然后跳转到相应的课程详细页（可以浏览课程的基本信息、课程简介，查看评论，查看相关课程推荐，登录后可以写评论），选课（登录后可以选课），通过"开始学习"课程跳转到课程内容页面。

3．我的课程模块

本模块有权限设置，如果使用 App 的用户没有注册登录，即游客身份，那么就无法访问该模块。当用户注册登录成功后，就可以进入该模块。

本模块的功能是管理用户的已选课程，通过该模块用户可以查看自己已选课程，可以直接跳转到相应课程学习，并且可以删除已选课程。

4．首页模块

本模块是用户进入 App 所在的页面，该页面包含了首页跳转图片、热门课程分类、课程浏览等一些功能。

在线学习 App 的功能模块图如图 8-3 所示。

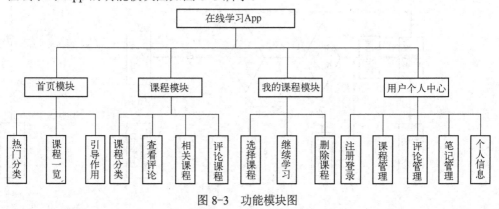

图 8-3　功能模块图

8.2.3　权限设置

本章所设计的在线学习 App 的权限有两种。

1）游客：指未登录的用户，可以浏览首页、课程分类、课程详细内容页、对应课程评论留言、相关课程推荐，学习课程内容。但是某些功能不对其开放。

2）会员：指已登录用户，享有游客的基本功能并且将开放更多的功能。

游客通过登录升级为会员，会员通过"注销账号"功能降级为游客。

8.2.4 数据库设计

要想实现各个功能模块之间信息的传递存储，就必须设计合理严谨的数据库。在线学习App 的数据库设计通过两大部分完成：一是将实际的用户需求功能转化为数据库概念模型，二是通过数据库概念模型设计合理的逻辑结构，完成信息存储。

数据库设计（Database Design）是指对于一个给定的应用环境，构造最优的数据库模式，建立数据库及其应用系统，使之能够有效地存储数据，满足各种用户的应用需求（信息要求和处理要求）。在数据库领域内，常常把使用数据库的各类系统称为数据库应用系统。

1．数据库设计

通过本章前几小节的业务流程、功能模块的设计，可以很容易得到所要开发的数据库的概念模型。将这些用户的需求转化为实际的概念模型，了解各个实体与联系的关系结构，便于后续的逻辑结构开发。

本节用 E-R 图来表示在线学习 App 的概念模型。在线学习 App 涉及以下三个实体。

- 用户：用户 ID，账号，密码，姓名，性别，生日，职业，教育背景。
- 课程：课程 ID，课程名称，一级分类 ID，一级分类名称，二级分类 ID，二级分类名称，创建时间，课程具体内容。
- 笔记：笔记 ID，账号，标题，创建时间，内容。

由以上实体来绘制属性图，如图 8-4～图 8-6 所示。

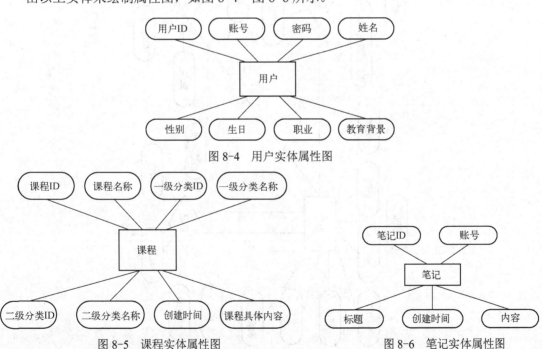

图 8-4　用户实体属性图

图 8-5　课程实体属性图　　　　　　图 8-6　笔记实体属性图

2．数据库的逻辑结构设计

通过各实体属性图绘制出在线学习 App 的完整 E-R 图，如图 8-7 所示。

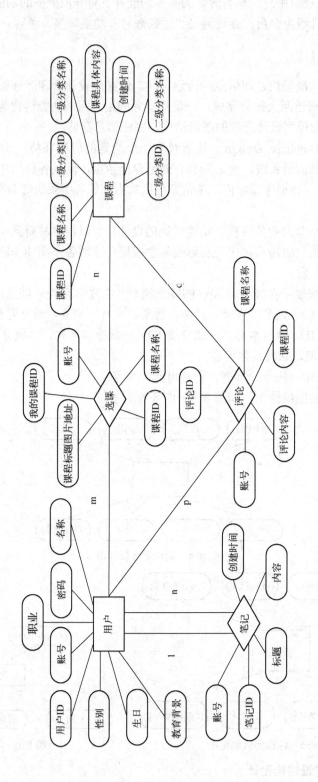

图 8-7 完整 E-R 图

本章的在线学习 App 使用 MySQL 数据库一共创建了 5 张表来完成信息存储，分别是 user（用户信息表）、course（课程信息表）、mycourse（选课信息表）、comments（评论信息表）、notes（笔记信息表）。

这 5 张表的具体逻辑结构如下。

1）user（用户信息表）。如表 8-2 所示，该表共有 8 个字段，"uID"为该表主键，定义了一些用户的基本信息。

表 8-2 user（用户信息表）

序　号	名　　称	数 据 类 型	长度/设置	注　　释	是否为主键
1	uID	VARCHAR	32	用户 ID	是
2	uaccount	VARCHAR	32	账号	否
3	upassword	VARCHAR	32	密码	否
4	uname	VARCHAR	8	姓名	否
5	usex	VARCHAR	8	性别	否
6	ubirthday	DATE	默认	生日	否
7	uprofession	VARCHAR	32	职业	否
8	ueduback	VARCHAR	32	教育背景	否

2）course（课程信息表）。如表 8-3 所示，该表共有 16 个字段，"cID"为该表主键，1～7 字段定义了课程的基本信息，8～16 字段为课程具体内容信息。

表 8-3 course（课程信息表）部分字段

序　号	名　　称	数 据 类 型	长度/设置	注　　释	是否为主键
1	cID	VARCHAR	20	课程 ID	是
2	cName	VARCHAR	32	课程名称	否
3	cCourseFirstID	VARCHAR	20	一级分类 ID	否
4	cCourseFirstName	VARCHAR	20	一级分类名称	否
5	cCourseSecondID	VARCHAR	20	二级分类 ID	否
6	cCourseSecondName	VARCHAR	20	二级分类名称	否
7	cCreateTime	DATE	默认	创建时间	否
8	cIntro	VARCHAR	500	课程简介	否
9	cTitleImageUrl	VARCHAR	50	课程标题图片地址	否
10	cContentImageUrl	VARCHAR	50	课程内容图片地址	否

3）mycourse（选课信息表）。如表 8-4 所示，该表共有 5 个字段，"myID"为该表主键，定义了一些选课的基本信息，其中含有"user"表和"course"表的主键字段。

表 8-4 mycourse（选课信息表）

序　号	名　　称	数 据 类 型	长度/设置	注　　释	是否为主键
1	myID	VARCHAR	32	我的课程 ID	是
2	uaccount	VARCHAR	32	账号	否
3	cID	VARCHAR	20	课程 ID	否
4	cName	VARCHAR	32	课程名称	否
5	cTitleImageUrl	VARCHAR	50	课程标题图片地址	否

4）comments（评论信息表）。如表 8-5 所示，该表共有 5 个字段，"coID"为该表主键，定义了一些记录评论的基本信息，其中含有"user"表和"course"表的主键字段。

表 8-5　comments（评论信息表）

序　号	名　　称	数 据 类 型	长度/设置	注　　释	是否为主键
1	coID	VARCHAR	32	评论 ID	是
2	uaccount	VARCHAR	32	账号	否
3	cID	VARCHAR	20	课程 ID	否
4	cName	VARCHAR	32	课程名称	否
5	coText	VARCHAR	200	评论内容	否

5）notes（笔记信息表）。如表 8-6 所示，该表共有 5 个字段，"nID"为该表主键，定义了一些笔记的基本信息，其中含有"user"表的主键字段。

表 8-6　notes（笔记信息表）

序　号	名　　称	数 据 类 型	长度/设置	注　　释	是否为主键
1	nID	VARCHAR	32	笔记 ID	是
2	uaccount	VARCHAR	32	账号	否
3	nCreatTime	DATE	默认	创建时间	否
4	nTitle	VARCHAR	50	标题	否
5	nText	VARCHAR	2000	内容	否

8.2.5　配置数据源及服务

数据库创建完成后，需要在 WeX5 Studio 中配置数据源信息。添加好数据源后，进入 Baas 后端服务，找到"db.config.m"服务文件，勾选好新的数据源，并且保存文件。

在 WeX5 框架中，Baas 为前端展现提供后端服务，所有后端服务在 Baas 目录中开发。

通过在 Baas 目录中创建服务，新建 action 动作来访问数据库表，实现数据库信息的编辑。

这里创建服务文件"onlineclassroom.service.m"，创建 queryaction（查询动作）和 saveaction（保存动作）。部分代码如下：

```xml
<?xml version="1.0" encoding="UTF-8"?>
<model xmlns="http://www.justep.com/model">
    <action xmlns="http://www.w3.org/1999/xhtml" name="queryUser"
        impl="action:common/CRUD/query">
        <private name="condition" type="String"></private>
        <private name="db" type="String">x5</private>
        <private name="tableName" type="String">user</private>
        <public name="columns" type="Object"></public>
        <public name="filter" type="String"></public>
        <public name="limit" type="Integer"></public>
        <public name="offset" type="Integer"></public>
        <public name="orderBy" type="String"></public>
```

```
            <public name="variables" type="Object"></public>
    </action>
```

服务文件配置界面如图 8-8 所示。

图 8-8　服务文件配置界面

8.3　系统实现

系统实现是对系统整体设计的实际实现。根据系统设计的要求，对整体设计的具体细节进行实现。

在本节中，将实现各个功能模块，从 UI 设计到前端页面逻辑的具体代码实现，会大量使用到前面所学的组件的事件、数据组件的增删改查、组件的样式。希望读者能将前面所学的知识综合起来，灵活运用，做出在线学习 App 整个系统。

8.3.1　注册登录模块实现

首先，用户进入在线学习 App 后，要想访问用户个人中心模块页面，必须完成注册登录。游客权限时，该页面只显示"立即登录"四个字，其他的组件按钮均隐藏。当单击"立即登录"，页面跳转到"登录页面"。你可以选择登录或者注册。输入账号、密码后单击"登录"按钮，经过数据库判定 user 表的账号、密码成功后，方可进入用户个人中心模块页面。

1．注册界面

如果你没有账号，单击"注册"按钮，跳转到"注册页面"。输入账号、密码，再次输入密码，单击"确认"按钮。如果你输入的账号没有被注册过，且两次输入密码一致，判定成功后，会将数据写入数据库的 user 表，完成注册。以上便是注册登录的具体流程，接下来说明具体实现。注册功能模块的 JS 代码如下：

```
define(function(require){
    var $ = require("jQuery");
```

```
            var justep = require("$UI/system/lib/justep");
// 执行模块函数
        var Model = function(){
                this.callParent();
        };
// 注册确认按钮的单击事件
        Model.prototype.OKBtnClick = function(event){
                var accountinput = this.comp("accountinput").val();
                var passwordinput=this.comp("passwordinput").val();
                var repasswordinput=this.comp("repasswordinput").val();
                //查询账户是否被注册
                userData.clear();
// 数据组件的过滤方法
                userData.setFilter("accountfilter", "uaccount='" + accountinput+ "'");
                userData.refreshData();
                if (userData.count() > 0) {
                        justep.Util.hint("账号已存在，请您重新输入！");
                } else {
// 判断两次输入密码是否一致，且不能为空
                        if (passwordinput === repasswordinput && passwordinput !="" ) {
                                userData.newData({
                                        "defaultValues" : [ {
                                                "uID" : justep.UUID.createUUID(),
                                                "uaccount" : accountinput,
                                                "upassword" : passwordinput,
                                                "usex" : ""
                                        } ]
                                });
                                justep.Util.hint("注册成功！欢迎新同学！");
                                userData.saveData();
                                this.close();
                        } else {
                                justep.Util.hint("没有输入密码，或者两次密码输入不一致，请重新输入！");
                        }
                }
        };
        return Model;
});
```

- userData.clear();: Baas 数据组件的 clear()方法，使用这个方法是为了防止数据组件之前有过滤操作，在这里清空一下，方便之后新建数据。
- userData.saveData();: 这里调用 Baas 数据组件的 saveData()方法，为的是给绑定数据组件的数据表写入数值并保存。

注册登录页面的 UI 设计简洁，主要用到"labelEdit"组件、"row"行组件以及"button"按钮组件。在输入账号处用"input"组件来接收用户输入的数据，输入密码处用到了"password"组件，类似于"input"组件，只是在输入信息时"password"组件显示为星号，更加有利于对用户密码的安全保护。输入组件用到了 placeHolder 属性来提示信息输入。

　　下面是注册登录页面的逻辑结构设计。先说注册。当输入好账号、密码，再次输入密码后，单击"确认"按钮。这个时候执行的是"确认"按钮组件的单击 onClick 事件。选中"确认"按钮组件，选中它的事件，找到 onClick 事件名，单击对应事件值就可以编写它的 onClick 事件函数了，事件值为自定义的函数名。

　　在 JS 文件中写该"确认"按钮的 onClick 事件函数。下面列举一些重要步骤及其语句。

```
var accountinput = this.comp("accountinput").val();
var passwordinput=this.comp("passwordinput").val();
var repasswordinput=this.comp("repasswordinput").val();
```

　　通过定义变量语句来将用户输入的数据存储，这里的 this.comp 用来调用组件对象，引号里的变量名为组件的 xid，用 val 函数获得用户在组件中写入的数据。

- userData.setFilter("accountfilter", "uaccount=' " + accountinput+ " ' ");: 通过该语句来过滤 userData 组件（该组件绑定数据库 user 表），查找用户输入的账号在 user 表里是否存在。如果有，则说明该账号已被注册，提示用户。
- justep.Util.hint("账号已存在，请您重新输入！");: 该语句是通过调用 WeX5 提供的 API，向屏幕输出一个消息框，提醒用户账号已存在。

　　这段代码是在所有判断成功后，为 user 表添加新的一条数据，并且保存数据库，关闭当前页面。

```
userData.newData({
                    "defaultValues" : [ {
                        "uID" : justep.UUID.createUUID(),
// 创建 32 个十六进制数

                        "uaccount" : accountinput,
                        "upassword" : passwordinput,
                        "usex" : ""
                    } ]
                });
                justep.Util.hint("注册成功！欢迎新同学！");
                userData.saveData();
                this.close();
```

- UUID 是由一组 32 位的十六进制数字所构成，故 UUID 理论上的总数为 $16^{32}=2^{128}$，约等于 $3.4×8^{38}$。也就是说若每纳秒产生 1 兆个 UUID，要花 80 亿年才会将所有 UUID 用完。

登录页面的逻辑与注册页面基本类似，区别在于要在 user 表中过滤账号密码匹配的那一条数据是否存在才能登录。

- justep.Shell.userID.set(accountinput);: 通过该语句调用 WeX5 提供的 API，给全局变量 userID 赋值为当前用户账号值，用于实现登录后界面的显示、选课表的过滤、评价管理、笔记管理的过滤。
- justep.Shell.showPage("main");: 通过 showPage 方法跳转页面。

本小节使用的组件如下。

- panel 组件：panel 组件自动充满整个屏幕，分为上中下三个区域，其中上方区域（头部）固定显示在屏幕上方，下方区域（尾部）固定显示在屏幕下方，中间区域自动充满。头部和尾部高度和位置都是固定的，暂时头部不支持改变高度，中间区域展示主要内容，可以任意布局。
- controlGroup 组件：可以折叠展开，其内部内容组件不会贴边自适应移动设备屏幕。
- labelEdit 组件：由左右两部分组成，标签和输出组件。
- input 组件：用户输入数据组件。
- button 组件：按钮组件。

2．登录界面

当单击"立即登录"，页面跳转到"登录页面"。你可以选择登录或者注册。输入账号、密码后单击"登录"按钮，经过数据库判定 user 表的账号密码成功后，方可进入用户个人中心模块页面。登录功能模块的 JS 代码如下：

```
define(function(require){
        var $ = require("jQuery");
        var justep = require("$UI/system/lib/justep");
        var Model = function(){
                this.callParent();
        };
        Model.prototype.loginBtnClick = function(event){
                var accountinput = this.comp("accountinput").val();
                var passwordinput = this.comp("passwordinput").val();
                userData.clear();
                userData.setFilter("accountfilter", "uaccount='" + accountinput + "'");
                userData.setFilter("passwordfilter", "upassword='" + passwordinput+ "'");
                userData.refreshData();
                if (userData.count() > 0) {
                        userData.saveData();
                                //userData 已经过滤为单行对应"用户"的数据库，保存
                        justep.Shell.userID.set(accountinput);
                        justep.Shell.showPage("main");
                        justep.Util.hint("欢迎：" + accountinput + " 登录！");
                        //清空输入栏
                        this.comp('accountinput').clear();
```

```
                    this.comp('passwordinput').clear();
            } else {
                    justep.Util.hint("账号或密码输入错误，请重新输入！");
                    //清空输入栏
                    this.comp('accountinput').clear();
                    this.comp('passwordinput').clear();
            }
        };
        Model.prototype.registerBtnClick = function(event){
        justep.Shell.showPage("register");
        };
        Model.prototype.modelLoad = function(event){
                userData.refreshData();
        };
        return Model;
    });
```

- this.comp('input').clear();: 输入组件数据的清空事件。
- userData.refreshData();: 数据组件的刷新方法。
- justep.Shell.showPage("register");: 这是 WeX5 框架提供给用户的跳转方法，也可以通过 justep.Shell.closePage();方法关闭当前页面。

该模块运行结果如图 8-9 和图 8-10 所示。

图 8-9　登录页面

图 8-10　注册页面

8.3.2　个人中心模块实现

当用户登录后，就可以进入个人中心模块页面了。在用户个人中心模块页面"我的名片"处就可以看到自己的信息，这里使用的是"output"组件。下面是一段 output 组件的 HTML5 源代码。

```
        <div component="$UI/system/components/justep/output/output" class="x-output" xid="outname" bind-
ref='userData.ref("uname")' style="font-size:x-large;font-family:微软雅黑;">
        </div>
```

通过 bind-ref 属性来动态实现数据的输出。

```
    bind-ref='userData.ref("uname")'
```

通过 bind-ref 输出 userData 数据组件绑定的数据库表中对应的 uname 数据项的数据。

如果用户想要编辑信息，就要单击右上角的"个人中心"按钮，跳转到"个人中心"页面。由于登录时"userData"组件已经将数据表过滤为对应用户的数据信息了，所以在这里用"output"组件将用户信息输出。

单击"编辑资料"按钮，页面跳转到"信息编辑"页面。在这个页面中用户可以向对应的组件里写入数据。性别、生日、学历属性使用"select"组件，提供下拉选项，提供给用户可选择信息。当所有需要修改的信息编辑好后，单击右上角的"对号"按钮进行数据保存。

单击"注销账号"按钮，弹出对话框询问是否退出账号。确认后退出用户登录，恢复游客身份，初始化全局变量 userID，并且初始化"userData"组件，跳转至主页。个人资料模块的 JS 代码如下：

```
define(function(require){
    var $ = require("jQuery");
    var justep = require("$UI/system/lib/justep");
    var Model = function(){
        this.callParent();
    };
    Model.prototype.modelLoad = function(event){
    };
    Model.prototype.logoutBtnClick = function(event){
    this.comp("messageDialog1").show();
    };
    Model.prototype.messageDialog1OK = function(event){
    //                    恢复游客权限
    justep.Util.hint("感谢您的使用："+ justep.Shell.userID.get()+"再见！");
    justep.Shell.userID = justep.Bind.observable();
    userData.clear();
    justep.Shell.showPage("main");
    justep.Shell.fireEvent("onhomecontent");//调用派发事件
    };
    Model.prototype.editBtnClick = function(event){
    justep.Shell.showPage("edit");
    };
    return Model;
});
```

Model.prototype.logoutBtnClick = function(event){}是"注销账号"按钮的单击事件，这个事件通过 this.comp("messageDialog1").show();打开了一个消息对话框组件。

Model.prototype.messageDialog1OK = function(event){}是消息对话框的"确定"按钮事件，在这里给全局变量 userID 赋初值，恢复游客身份。编辑资料模块的 JS 代码如下：

```
define(function(require){
    var $ = require("jQuery");
    var justep = require("$UI/system/lib/justep");
    var Model = function(){
        this.callParent();
    };
    Model.prototype.button1Click = function(event){
    var inname = this.comp("inname").val();
    var insex = this.comp("insex").val();
    var inbirthday = this.comp("inbirthday").val();
    var inprofession = this.comp("inprofession").val();
```

```
var ineduback = this.comp("ineduback").val();
userData.setValue("uname",inname);
userData.setValue("usex",insex);
userData.setValue("ubirthday",inbirthday);
userData.setValue("uprofession",inprofession);
userData.setValue("ueduback",ineduback);
userData.saveData();
justep.Shell.showPage("main");
justep.Shell.fireEvent("onhomecontent");//调用派发事件
justep.Util.hint("资料修改成功！开始学习吧~");
};
return Model;
});
```

在个人信息编辑页面编写"保存"按钮的单击事件。

- this.comp("xid").val();：通过该组件的 val 方法来获取用户输入的信息，将该信息传给定义的局部变量。

- userData.setValue();：该方法为 baasdata 数据组件的写值方法，一共有两个参数。第一个参数是绑定该数据组件的数据表中需要写入数据项的名字，第二个参数是往数据库写入的数据值。

- justep.Shell.fireEvent("onhomecontent");：是组件的派发事件。派发事件就是在 shell 跳转的页面，想在一个页面中调用其他页面中的 js 方法，比如添加到购物车的操作，这个时候，可以使用派发事件的方式解决。实质上就是在当前页面中调用其他页面的 js 代码。

本节使用的组件如下。

- contents 组件。在.w 文件中使用 contents 组件可以实现不同页面的展现，特别是可以通过手势滑动来切换页面。contents 组件使用 content 来展现页面，contents 组件中可以包括多个 content，content 可以动态生成、删除，增强了页面显示的灵活性。contents 组件和 buttonGroup 组件配合使用，使用 button 组件的 target 属性关联 content，可以实现按钮和页面的绑定。组件路径：/UI2/system/components/justep/contents。组件标识：$UI/system/components/justep/contents/contents。配合其他组件使用，可实现以下功能：滑动切换页面，实现图片轮换效果，模拟门户打开 w 页面，新增空白 content，并动态创建组件，contents 嵌套 contents，分类切换页面。

- panel 组件。panel 组件自动充满整个屏幕，分为上中下三个区域，其中上方区域（头部）固定显示在屏幕上方，下方区域（尾部）固定显示在屏幕下方，中间区域自动充满。头部和尾部的高度和位置都是固定的，暂时头部不支持改变高度，中间区域展示主要内容，可以任意布局。

- controlGroup 组件：可以折叠展开，其内部内容组件不会贴边自适应移动设备屏幕。

- labelEdit 组件：左右两部分组成，标签和输出组件。

- button 组件：按钮组件，常用于跳转，功能按钮的事件组件。

运行结果如图 8-11 和图 8-12 所示。

图 8-11 个人中心页面

图 8-12 个人信息页面

8.3.3 笔记管理模块实现

用户登录后，在用户个人中心模块页面单击"记笔记"按钮，跳转到"记笔记"页面，可以在这里写自己的学习笔记，并且看到之前自己写的笔记内容。

```
$row.val("uaccount")==userData.val("uaccount")
```

这里依旧用到了"panel"组件，在 content 组件里插入了"list"组件，"list"组件的作用是通过绑定数据组件按顺序输出数据，所以用来输出已经保存过的笔记，绑定的是"notesData"组件，对应的是数据库的 notes 表。通过"list"组件的 filter 属性来过滤出登录用户的笔记，过滤语句是：

```
$row.val("uaccount")==userData.val("uaccount")
```

只有在 notes 表中当前行的账号等于现在登录用户的账号时，才会被输出。同时每一行输出"删除"按钮，单击按钮调用按钮的单击事件，单击事件里调用数据组件的 deleteData 方法删除当前行，保存数据，刷新数据。

下半部分是用户用来写笔记的编辑区，用户输入信息后，单击提交，为 notes 表新增一条数据。

本节使用的组件如下。

- list 组件：list 组件对获取动态数据进行封装，通过配合的样式，使开发者能快速完成数据列表展示功能的开发。list 组件根据关联的 data 和模板进行数据渲染展示，通过 limit 属性可以控制页面加载数据条数，当 limit=-1 时感知 data 的 limit，即 data 加载多少数据就显示多少数据，filter 属性可以控制需要展现的数据，例如只显示年龄大于 20 的可以设置为$row.val('fAge')>20，list 组件和 scrollview 组件配合可以实现上滑加载数据，下滑刷新数据的能力（这是手机应用中常用的特性）。组件路径：/UI2/system/components/justep/list。组件标识：$UI/system/components/justep/list/list。（注：模板，组件上标识有 class="x-list-template"的第一个节点为模板，其所有子节点根据数据进行循环。）配合其他组件使用，可实现以下功能：图文混排列表，文字列表，图片墙，动态表格，动态表单。
- panel 组件：头部和尾部高度和位置都是固定的，暂时头部不支持改变高度，中间区域展示主要内容，可以任意布局。
- textarea 组件：文本组件。用于输入/输出大段文字，可以设置为只读，也可以设置为可编辑状态，常用于文章的输入输出。
- controlGroup 组件：可以折叠展开，其内部内容组件不会贴边自适应移动设备屏幕。
- output 组件：用于输出信息，输出数据库的表数据的组件。

笔记管理模块的 JS 代码如下：

```
define(function(require){
    var $ = require("jQuery");
    var justep = require("$UI/system/lib/justep");
    var Model = function(){
        this.callParent();
    };
    Model.prototype.OKBtnClick = function(event){
    notesData.clear();
            notesData.newData({
                    "defaultValues" : [ {
                            "nID" : justep.UUID.createUUID(),
                            "uaccount" : justep.Shell.userID.get(),
```

```
                              "nCreatTime" :this.comp("intime").val() ,
                              "nTitle": this.comp("intitle").val(),
                              "nText": this.comp("intext").val()
                    } ]
          });
          notesData.saveData();
          this.comp("notesData1").refreshData();
          justep.Util.hint("添加成功！");
          this.comp("intime").clear();
          this.comp("intitle").clear();
          this.comp("intext").clear();
     };
```

同样，用户写好笔记后单击"保存"按钮保存信息。定义该按钮组件的单击事件，这里使用了 notesData.newData();方法给数据表新建了一条数据。

- this.comp("xid").val();：通过该组件的 val 方法来获取用户输入的信息，将该信息传给定义的局部变量。
- this.comp('input').clear();：输入组件数据的清空事件。

运行结果如图 8-13 所示。

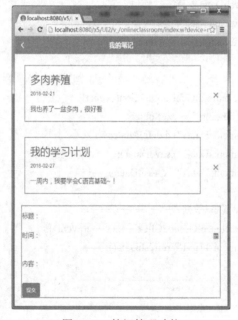

图 8-13　笔记管理功能

8.3.4　评论管理模块实现

当用户登录后，在用户个人中心模块页面单击"评论课程"按钮，跳转到"评论管理"页面。这里列出了用户评价的所有课程及内容。

上半部分，用到了"controlGroup"组件，里面插入了"list"组件，用到了数据库 comments 表。按顺序依次输出 "一行四列"的"row"组件，第一列是用户"账号信息"，第二列是"课程名称信息"，第三列是"评论内容信息"，第四列是对应"删除"按钮。

下半部分，用到了"controlGroup"组件，里面插入了"list"组件，用的是数据库 course 表。按顺序依次输出所有课程的"课程名称"和"课程标题图片"。用户只要单击想要评论的课程，即可跳转到对应课程中去评论课程。评论管理模块的 JS 代码如下：

```
define(function(require){
        var $ = require("jQuery");
        var justep = require("$UI/system/lib/justep");
        var Model = function(){
                this.callParent();
        };
//课程一览
        Model.prototype.listClick = function(event){
        justep.Shell.courseID.set(this.comp("courselistData").val("cID"));
        courseData.clear();
        courseData.setFilter("coursefilter", "cID='" + justep.Shell.courseID.get()+ "'");
        courseData.saveData();
        courseData.refreshData();
        justep.Shell.showPage("list");
        justep.Shell.fireEvent("oncommentscontent");
        };
//删除评论
        Model.prototype.button3Click = function(event){
        var row = event.bindingContext.$object;
        this.comp("commentsData1").deleteData(row);
        this.comp("commentsData1").saveData();
        this.comp("commentsData1").refreshData();
        };
//点击我的评论导航，刷新数据
        Model.prototype.controlGroup2Click = function(event){
        this.comp("commentsData1").refreshData();
        };
        return Model;
});
```

- this.comp("xid").deleteData();：该方法是数据组件的删除方法，参数为需要删除的 JS 对象。
- 获取当前行对象：event.bindingContext.$object。
- 获取行对象索引：event.bindingContext.$object.index();。
- 获取所有行对象的数组：data.datas.get();。
- 交互行对象：data.exchangeRow(row,row);。

运行结果如图 8-14 所示。

图 8-14　评论管理功能

8.3.5　课程管理模块实现

下面来介绍课程模块页面。用户进入在线学习 App 后不管登录与否，都可以通过单击最下方的"课程"按钮，进入课程模块页面。

课程模块页面的设计理念是给用户更加细致简洁的课程分类，帮助用户快速找到自己喜欢的课程。

课程分类共有一级分类和二级分类两次分类。当用户单击一级分类标签时，只会出现对应的二级分类。二级分类再展现其下的课程。这里是通过"list"组件嵌套完成的，通过 course 表的"一级分类 ID"和"二级分类 ID"实现这种效果。

```
<div component="$UI/system/components/justep/data/data"
autoLoad="true" xid="FirstTypedata" idColumn="cFirstTypeID">
<column label="一级分类 ID" name="cFirstTypeID" type="String" xid="xid1"></column>
  <column label="标题" name="cTitle" type="String" xid="xid2"></column>
  <data xid="default1">[
{&quot;cFirstTypeID&quot;:&quot;f001&quot;,&quot;cTitle&quot;:&quot;科技 网络&quot;},
{&quot;cFirstTypeID&quot;:&quot;f002&quot;,&quot;cTitle&quot;:&quot;居家 生活&quot;},
{&quot;cFirstTypeID&quot;:&quot;f003&quot;,&quot;cTitle&quot;:&quot;办公 外语&quot;},
{&quot;cFirstTypeID&quot;:&quot;f004&quot;,&quot;cTitle&quot;:&quot;升学 职场&quot;}]
</data>
</div>
```

这里通过"data"数据组件静态地创建了一个"一级分类"的数据组件。

当用户在课程模块页面选择好自己的课程后，单击对应课程就可以跳转到课程详细页面了。

课程详细页面（见图 8-15）是通过创建一个"list.w"页面文件实现的，那么课程详细页面要显示用户所选课程的信息，这里必有传递参数的问题。WeX5 框架大致有两种常用的参数传递方法。

1）使用"model"组件的 onParamsReceive 参数接收事件，接收其他页面传递的参数。这种方式的优点是使用简单，但是缺点较为明显，如果要更改一个页面的数据组件，其他页面都要更改，很难维护。

2）使用全局变量传递参数，这种方式就比较利于维护了。本章多采用这种方式进行参数传递。

同样，与注册登录类似，定义了一个全局变量 courseID 来接收用户选择的课程的 ID，使得打开的课程详细页面显示对应的课程信息。

再来说说课程详细页面的其他功能。最上面是课程名称，课程分类的信息输出。接下来用到了"tabs"组件，实现一个三层内容选择的效果。第一层显示课程简介和创建时间，第二层是评价管理，第三层是相关课程推荐，是通过用"list"组件过滤课程的二级分类 ID 实现的。

最下面有两个按钮，"加入我的课程"按钮，功能是将该门课程加入 mycourse 表中；"开始学习"按钮，功能是跳转至对应的课程内容页面。课程模块的 JS 代码如下：

```
define(function(require){
    var $ = require("jQuery");
    var justep = require("$UI/system/lib/justep");
    var Model = function(){
        this.callParent();
    };
//三级分类的单击事件
    Model.prototype.ThirdlistClick = function(event){
//将选择的课程的对应 ID 传给全局变量
    justep.Shell.courseID.set(this.comp("ThirdTypedata").getValue("cThirdTypeID"));
    courseData.clear();
    courseData.setFilter("coursefilter", "cID='" + justep.Shell.courseID.get()+ "'");
//课程数据组件过滤到选择的课程 ID 上
    courseData.saveData();
    courseData.refreshData();
    justep.Shell.showPage("list");
//跳转到对应课程页面
    };
    return Model;
});
```

- this.comp("xid").getValue();：通过数据组件的 getValue()方法，获取需要的数据项的数据值。
- justep.Shell.courseID.set();：通过该语句调用 WeX5 提供的 API，给全局变量 courseID 赋值为所选课程的课程 ID，用于实现跳转到 list 页面时数据库过滤到对应的课程 ID。开发时使用全局变量易于数据组件的维护和更新。
- justep.Shell.showPage("list");：通过 showPage 方法跳转页面。

运行结果如图 8-16 和图 8-17 所示。

图 8-15　课程页面

图 8-16　课程详细页面

图 8-17　相关课程

8.3.6　选课管理模块实现

用户登录后,通过下方的"我的课程"按钮进入 "我的课程"模块页面。如果以游客身份进入,则无法使用该页面,只会输出一行提示语提示登录。

该页面加入了一个"scrollView"组件，它的功能是提供下拉刷新事件，加载更多事件等。在这里使用了它的 onPullDown 下拉页面事件，当用户下拉页面时，刷新绑定 mycourse 表的数据组件。"scrollView"组件的一些参数如下。

- hScroll：false 禁止横向滚动，true 横向滚动，默认为 true。
- vScroll：false 禁止垂直滚动，true 垂直滚动，默认为 true。
- hScrollbar：false 隐藏水平方向上的滚动条。
- vScrollbar：false 隐藏垂直方向上的滚动条。
- fixedScrollbar：超出了 scroller 的边界滚动条是否收缩。Android 上为 true，iOS 上为 false。
- fadeScrollbar：false 指定在无渐隐效果时隐藏滚动条。
- hideScrollbar：在没有用户进行交互时，隐藏滚动条，默认为 true。
- bounce：启用或禁用边界的反弹，默认为 true。
- momentum：启用或禁用惯性，默认为 true，此参数在你想要保存资源的时候非常有用。
- lockDirection：false 取消拖动锁定，true 拖动只能在一个方向上（up/down 或者 left/right）。

通过"list"组件输出用户的选课信息和对应的"删除"按钮。可以单击对应课程前往课程详细页面，也可以删除对应选课信息。选课功能模块的 JS 代码如下：

```
define(function(require){
    var $ = require("jQuery");
    var justep = require("$UI/system/lib/justep");
    var Model = function(){
        this.callParent();
    };
    Model.prototype.switchText = function(){
        if(justep.Shell.userID.get()){
            return "欢迎 "+justep.Shell.userID.get()+" 使用我的课程！";
        }else{
            return "游客无法使用该功能，请前往"我"登录后使用！";
        }
    };
//下拉刷新组件的下拉刷新事件
    Model.prototype.scrollView1PullDown = function(event){ //这里可以通过下拉刷新选课数据组件
    this.comp("mycourseData1").refreshData();
    };
    Model.prototype.list1Click = function(event){ //打开课程
//获取当前行课程的 ID 值
    justep.Shell.courseID.set(event.bindingContext.$object.val("cID"));

    courseData.clear();
```

```
//过滤课程语句
    courseData.setFilter("coursefilter", "cID='" + justep.Shell.courseID.get()+ "'");
    courseData.saveData();
    courseData.refreshData();
    justep.Shell.showPage("list");
    };
    Model.prototype.deleteBtnClick = function(event){ //删除课程
//获取当前行的对象
    var row = event.bindingContext.$object;
    this.comp("mycourseData1").deleteData(row);
    this.comp("mycourseData1").saveData();
    this.comp("mycourseData1").refreshData();
    };
    return Model;
});
```

当想要从选课页面中的对应课程跳转进入相应课程时，就需要获取 list 组件当前行的课程 ID 信息，justep.Shell.courseID.set (event.bindingContext. $object.val("cID"));通过获取当前行对象来完成，并且赋值给全局变量 courseID。

运行结果如图 8-18 所示。

图 8-18　选课页面

8.3.7　首页模块实现

首页就是所有用户进入在线学习 App 首先看到的页面了，如图 8-19 所示。从上往下，首先上面是一个"carousel"组件，功能是实现图片的定时轮换并且可以通过"小圆点"按钮来更换图片显示。接下来是两个"rol"组件输出了两行图标按钮，用于跳转到对应的课程列表页面。最后通过"controlGroup"组件展示了所有课程。

在一个 WeX5 项目中，首先都是从"index.w"开始执行的，"index.w"实际上才是真正意义上的主页，而不是看到的 UI 界面的那个首页。首页模块的 JS 代码如下：

```
define(function(require) {
    var $ = require("jQuery");
    var justep = require("$UI/system/lib/justep");
    var ShellImpl = require('$UI/system/lib/portal/shellImpl');
    var Model = function() {
        this.callParent();
        this.shellImpl = new ShellImpl(this, {
            contentsXid : "pages",
            wingXid : "wing",
            pageMAppings : {
//在这里声明 w 文件的相对路径，通过 toUrl 转换为绝对路径
//通过 justep.Shell.showPage(); 方法直接使用
                "main" : {
                    url : require.toUrl('./main.w')
                },
                "loginpage" : {
                    url : require.toUrl('./my/loginpage.w')
                },
                "register" : {
                    url : require.toUrl('./my/register.w')
                },
                "information" : {
                    url : require.toUrl('./my/information.w')
                },
                "list" : {
                    url : require.toUrl('./course/list.w')
                },
                "content" : {
                    url : require.toUrl('./course/content.w')
                },
                "edit" : {
                    url : require.toUrl('./my/edit.w')
                },
                "homelist" : {
                    url : require.toUrl('./home/homelist.w')
                },
                "mycourse" : {
                    url : require.toUrl('./mycourse/mycourse.w')
```

```
                },
                "comments" : {
                        url : require.toUrl('./my/comments.w')
                },
                "notes" : {
                        url : require.toUrl('./my/notes.w')
                }
        });
    };
    Model.prototype.modelLoad = function(event) {
            //定义全局变量数据组件
            window.userData = this.comp("userData");
            window.courseData = this.comp("courseData");
            window.mycourseData = this.comp("mycourseData");
            window.commentsData = this.comp("commentsData");
            window.notesData = this.comp("notesData");
            //定义全局变量
            justep.Shell.courseID = justep.Bind.observable();
            justep.Shell.userID = justep.Bind.observable();
            justep.Shell.showPage("main");
    };
    return Model;
});
```

在 "index.w" 里，定义了许多页面的路径信息，将相对路径转换成绝对路径，方便跳转使用。

在 modelload 函数中将数据组件声明为全局变量数据组件，方便对数据的编辑保存，提高了对数据库的维护效率，并且声明了两个全局变量 userID 和 courseID 来保存账号和课程号信息。通过组件的 bind-visible 属性里填入的全局变量 userID 是否被赋值，实现组件的隐藏和显示。

还可以将需要跳转的页面声明在 index.w 文件中，将相对路径转化为绝对路径。通过 showPage()方法直接调用。

```
"loginpage" : {
                        url : require.toUrl('./my/loginpage.w')
                },
```

首页导航模块的 JS 代码如下：

```
define(function(require){
        var $ = require("jQuery");
        var justep = require("$UI/system/lib/justep");
        var Model = function(){
            this.callParent();
        };
```

```
//打开左侧设置
Model.prototype.settingBtnClick = function(event){
    justep.Shell.showLeft();
};
//底部按钮，打开对应 content
Model.prototype.contentActive = function(event){
  var windowContainer=event.source.getContent
       (event.source.getActiveXid()).$domNode.children();
                    this.comp(windowContainer.get(0)).refresh();
};
//导航分类图标
Model.prototype.td6Click = function(event) {
      justep.Shell.courseID.set("s001");
      justep.Shell.showPage("homelist");
};
Model.prototype.td7Click = function(event) {
      justep.Shell.courseID.set("s004");
      justep.Shell.showPage("homelist");
};
Model.prototype.td8Click = function(event){
    justep.Shell.courseID.set("s007");
      justep.Shell.showPage("homelist");
};
Model.prototype.td3Click = function(event){
    justep.Shell.courseID.set("s005");
      justep.Shell.showPage("homelist");
};
Model.prototype.td4Click = function(event){
      justep.Shell.courseID.set("s006");
        justep.Shell.showPage("homelist");
};
Model.prototype.td1Click = function(event){
    justep.Shell.courseID.set("s008");
      justep.Shell.showPage("homelist");
};
Model.prototype.td8Click = function(event){
    justep.Shell.courseID.set("s009");
      justep.Shell.showPage("homelist");
};
Model.prototype.td9Click = function(event){
    justep.Shell.courseID.set("s08");
      justep.Shell.showPage("homelist");
};
```

```
//
//课程一览
Model.prototype.listClick = function(event){
justep.Shell.courseID.set(this.comp("baasData1").val("cID"));
courseData.clear();
courseData.setFilter("coursefilter", "cID='" + justep.Shell.courseID.get()+ "'");
courseData.saveData();
courseData.refreshData();
justep.Shell.showPage("list");
};
//
Model.prototype.modelLoad = function(event){
justep.Shell.on("onhomecontent", this.onhomecontent, this);
justep.Shell.on("onmycoursecontent", this.onmycoursecontent, this);
};
Model.prototype.modelUnLoad = function(event){
justep.Shell.off("onhomecontent", this.onhomecontent);
justep.Shell.off("onmycoursecontent", this.onmycoursecontent);
};
//派发事件
Model.prototype.onhomecontent = function(event) {
        this.comp("contents1").to("homeContent");
};
Model.prototype.onmycoursecontent = function(event) {
        this.comp("contents1").to("mycourseContent");
};
//justep.Shell.fireEvent("onmycoursecontent");
        return Model;
});
```

- contents 组件：在.w 文件中使用 contents 组件可以实现不同页面的展现，特别是可以通过手势滑动来切换页面。contents 组件使用 content 来展现页面，contents 组件中可以包括多个 content，content 可以动态生成、删除，增强了页面显示的灵活性。contents 组件和 buttonGroup 组件配合使用，使用 button 组件的 target 属性关联 content，可以实现按钮和页面的绑定。配合其他组件使用，可实现以下功能：滑动切换页面；实现图片轮换效果；模拟门户打开 w 页面；新增空白 content，并动态创建组件；contents 嵌套 contents，分类切换页面。

- windowContainer 组件：windowContainer 组件加载 w 页面，使开发者可以快速完成嵌套页面的开发。页面模块化开发方式是前端发展的趋势，是为了达成前端工程师的一个理想，希望搭积木式开发和维护系统，通过组装可复用页面模块得到一个完整的系统。需要注意的是，这里的模块化不仅是 js 和 css 的模块化，而是整个页面单元（html、js、css）的模块化。

在 main.w 文件里放入 panel 组件，panel 组件自动充满整个屏幕，分为上中下三个区域，其中上方区域（头部）固定显示在屏幕上方，下方区域（尾部）固定显示在屏幕下方，放入 buttonGroup 组件，添加 4 个按钮组件，将样式设置成卡片风格。中间区域自动充满放入 contents 组件，头部和尾部的高度和位置都是固定的，暂时头部不支持改变高度。中间区域展示主要内容，可以任意布局。

运行结果如图 8-19 所示。

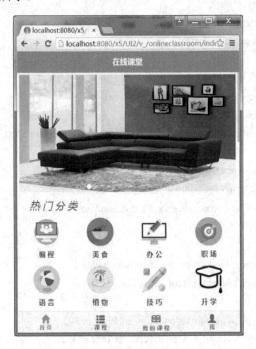

图 8-19　首页页面

8.3.8　管理员模块实现

当需要对用户表和课程表里的数据进行编辑时，就要单独为管理员开发一个全新的模块。

登录判定成功后，再写一条判断语句，如果是管理员的账号、密码，跳转到"管理员页面"，其他用户和原来一样跳转到个人中心页面。

在登录页面中，"登录"按钮的单击事件中写入如下 JS 代码：

```
if(    accountinput = ="manager", passwordinput = ="1234567"    )
//例如，管理员的账号是 manager ，密码是 1234567
{
justep.Shell.showPage("manager");
}else{
justep.Shell.showPage("main");
}
```

注意：justep.Shell.showPage("manager");如果要这样使用，就必须在 index.w 文件中声明

相对路径转换为绝对路径，例如登录页面在 index.w 中的声明："loginpage": {url: require.toUrl ('. /my/loginpage.w')}。

在新建的 manager.w 文件中加入两个"list"组件，分别绑定"userdata"数据组件和"coursedata"数据组件，用于输出两张表，如图 8-20 所示。

图 8-20　放置组件

接着，写入"用户表"中"删除"按钮的单击事件。切换到管理员页面的 JS 文件中，在"删除"按钮的单击事件中写入如下 JS 代码：

```
Model.prototype.deleteBtnClick = function(event){
var row = event.bindingContext.$object;
this.comp("userData").deleteData(row);
this.comp("userData").saveData();
this.comp("userData").refreshData();
};
```

注意：在"list"组件上，使用 event.bindingContext.$object 获取当前行对象。
当管理员想要删除哪个用户的信息，就单击对应行后面的删除按钮就行了。
管理员可以单击对应"用户表"右上角的"加号"按钮组件。新添加一个用户信息：

```
userData.newData({
                    "defaultValues" : [ {
                            "uID" : justep.UUID.createUUID(),
                            "uaccount" : accountinput,
                            "upassword" : passwordinput,
                            "usex" : sexinput,
                            "ubirthday" : birthdayinput,
                            //...
}]
})
```

最后，运行结果如图 8-21 和图 8-22 所示。

图 8 21　管理员页面

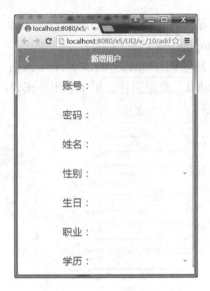

图 8-22　新增用户页面

8.4　本章小结

　　本章通过一个综合案例——在线学习 App 的开发，将之前章节所学知识整体联系运用。首先，分析了用户的实际需求，结合需求分析实现这些需求的功能是否可行，之后又展开了非功能需求分析；然后，将用户需求转换为了实际的业务流程，根据业务流程开发出了各个功能模块；之后又根据这些功能模块所需的数据流创建了概念模型和 E-R 图。之后创建了具体的数据库表，介绍了数据源配置，创建服务文件；最后，具体实现了各个功能模块，详细解释了各个模块页面的设计思路和实现方法。

参 考 文 献

[1] KYRNIN J. HTML5 移动应用开发入门经典[M]. 林星，译. 北京：人民邮电出版社，2013.

[2] KESSIN Z. HTML5 应用开发实践指南[M]. 陈升想，汪奋进，译. 北京：机械工业出版社，2013.

[3] 常新峰，王金柱. 构建移动网站与 APP：HTML5 移动开发入门与实战[M]. 北京：清华大学出版社，2017.

[4] 唐俊开. HTML5 移动 Web 开发指南[M]. 北京：电子工业出版社，2012.

[5] 石川. HTML5 移动 Web 开发实战[M]. 北京：人民邮电出版社，2013.

[6] 弗里曼. HTML5 权威指南[M]. 谢延晟，牛化成，刘美英，译. 北京：人民邮电出版社，2014.

[7] 刘欢. HTML5 基础知识、核心技术与前沿案例[M]. 北京：人民邮电出版社，2016.

[8] 明日科技. HTML5 从入门到精通[M]. 北京：清华大学出版社，2012.

[9] 克洛泽. HTML5 实战[M]. 张怀勇，译. 北京：人民邮电出版社，2015.

[10] 麦克唐纳. HTML5 秘籍[M]. 李松峰，朱巍，刘帅，译. 2 版. 北京：人民邮电出版社，2015.